互联网+珠宝系列教材

珠宝首饰设计
——手绘技巧与实战指南

ZHUBAO SHOUSHI SHEJI——SHOUHUI JIQIAO YU SHIZHAN ZHINAN

主　　编◎夏引回

副 主 编◎周永哲　　邢秋雨　　梁嘉颖
　　　　　易　丹　　李俊密　　余　娟

参编人员◎吕平平　　马宏静　　韦雨溦
　　　　　李宗跃　　谭顺翔　　武青帅
　　　　　李萌琳　　张苏进　　叶　卡
　　　　　王宛秋　　邓伟超　　徐江娟
　　　　　吴文杰　　陈妙云　　覃诗恩
　　　　　冼绮文　　杨志宝

中国地质大学出版社
ZHONGGUO DIZHI DAXUE CHUBANSHE

图书在版编目(CIP)数据

珠宝首饰设计:手绘技巧与实战指南/夏引回 主编. -- 武汉：中国地质大学出版社，2024.6. -- ISBN 978-7-5625-5900-9

Ⅰ.TS934.3-62

中国国家版本馆CIP数据核字第2024KK2289号

珠宝首饰设计——手绘技巧与实战指南   夏引回   主编

责任编辑:张旻玥	选题策划:张 琰 张旻玥	责任校对:宋巧娥

出版发行：中国地质大学出版社(武汉市洪山区鲁磨路388号)   邮编：430074
电　　话：(027)67883511　　　传　　真：(027)67883580　　E-mail:cbb@cug.edu.cn
经　　销：全国新华书店　　　　　　　　　　　　　　　　　　http://cugp.cug.edu.cn

开本：787毫米×1092毫米　1/16　　　　　　　　　字数：301千字　　印张：11.75
版次：2024年6月第1版　　　　　　　　　　　　　　印次：2024年6月第1次印刷
印刷：湖北金港彩印有限公司

ISBN 978-7-5625-5900-9　　　　　　　　　　　　　　　　　　　　　定价：68.00元

如有印装质量问题请与印刷厂联系调换

前　言

　　珠宝首饰设计是一门融合艺术、工艺与设计的综合性艺术。手绘作为设计师表达创意与构思的重要工具，其重要性不言而喻。那么，如何练好手绘技巧呢？

一、练好手绘的方法

　　(1)多临摹优秀设计图：临摹是提升手绘技巧的有效途径。通过观察并模仿优秀设计师的作品，可以学习到他们的构图、线条运用以及色彩搭配等技巧，逐渐培养出自己的手绘风格。

　　(2)坚持每天练习：量变引发质变。每天抽出一段时间进行手绘练习，不仅可以提高技巧，还能培养耐心和专注力。即使每天只有十分钟，长期坚持下去也会带来显著的进步。

　　(3)不断表达创意：一个好的设计师需要能够将自己的创意和想法通过手绘表达出来。因此，在练习过程中要敢于尝试不同的风格、线条和色彩组合，以找到最适合自己的表达方式。

二、珠宝首饰设计手绘实战指南

　　本书将从珠宝首饰生产流程、绘图工具介绍、基础宝石画法、基本线条练习、常见宝石镶法、金属及宝石上色以及戒指画法等多个方面展开介绍，帮助读者全面提升珠宝首饰设计手绘能力。

　　(1)珠宝首饰生产流程：了解珠宝首饰的生产流程对于设计师来说至关重要。通过了解原材料采购、设计、制作、镶嵌、抛光等各个环节，可以更好地把握设计方向并优化设计方案。

　　(2)珠宝绘图工具介绍：掌握不同的绘图工具及其使用方法是提升手绘技巧的基础。本书将详细介绍各种常用的珠宝绘图工具，如铅笔、马克笔、水彩笔等，并讲解其使用技巧和注意事项。

　　(3)基础宝石的画法：宝石是珠宝首饰设计中不可或缺的元素。本书将教授读者如何绘制简单刻面宝石、复杂宝石以及素(蛋)面宝石的画法，让读者能够轻松掌握各种宝石的绘制技巧。

(4)基本线条练习:线条是手绘珠宝首饰设计的核心。本书将通过实例讲解线条的轻重应用、丝带曲线的绘制等技巧,帮助读者提高线条运用能力。

(5)常见宝石的镶法:了解并掌握常见的宝石镶嵌方式对于设计师来说至关重要。本书将详细介绍各种宝石镶嵌方式的绘制方法,并通过案例练习让读者巩固所学知识。

(6)金属及宝石的上色:上色是手绘珠宝首饰设计的最后一步。本书将教授读者如何运用不同的上色技法表现金属的光泽和宝石的色彩,让设计作品更加生动逼真。

(7)戒指的画法:戒指是珠宝首饰中最常见的品类之一。本书将详细讲解戒指的绘制方法,包括戒圈、戒面、宝石等各个部分的绘制技巧,帮助读者提高戒指设计手绘能力。

三、创新创意

在掌握了基础的手绘技巧之后,设计师需要进一步深化对珠宝首饰设计的理解,以此来提升手绘技巧。设计不仅是关于形式与技巧,更是关于情感、文化与故事的表达。

(1)情感与故事的表达:每一件珠宝首饰都有其独特的故事和情感表达。设计师需要通过手绘技巧,将这些情感和故事融入设计中。例如,通过线条的流畅与曲折、色彩的冷暖与对比,传达设计的主题和情感。

(2)文化元素的融合:珠宝首饰往往承载着丰富的文化内涵。设计师可以通过研究不同的文化元素,如传统图案、象征意义等,将其融入自己的设计中。这不仅可以丰富设计的内涵,也可以让作品更具独特性。

(3)创新思维的培养:设计师需要时刻保持对新鲜事物的好奇心和探索精神。通过参加设计比赛、交流研讨会等活动,可以激发设计师的创新思维,从而在手绘技巧上实现更大的突破。

感谢2013级到2023级佛山市顺德区郑敬诒职业技术学校无界设计工作室的全体成员,在黄昭雯、梁雯、吴童、何晓雯、罗意、陈雪柔、廖嘉榆、王芷津、潘美颐、黄琳、黄晓晴、何倩怡、周洁茵、高俊然、覃侬祺、王玉铭、袁静雯等同学的努力下使得本书得以完成。本书中的部分作品是学生们的临摹佳作,展现了他们的学习成果和进步。对于作品如有任何疑问或建议,请随时与编者联系。

由于编者水平有限,书中不足之处还需各位同行批评指正。

编 者

2024年5月

目 录

上篇 手绘基础

第1章　珠宝首饰生产流程 …………………………………………（3）
第2章　珠宝绘图工具 ………………………………………………（6）
第3章　基础宝石的画法 ……………………………………………（11）
 3.1　认识宝石 ………………………………………………………（11）
 3.2　简单刻面宝石的画法 …………………………………………（13）
 3.3　复杂刻面宝石的画法 …………………………………………（17）
 3.4　素（蛋）面宝石的画法 ………………………………………（20）
 3.5　宝石的排列设计 ………………………………………………（25）
第4章　基本线条练习 ………………………………………………（30）
 4.1　认识线条 ………………………………………………………（30）
 4.2　曲线练习 ………………………………………………………（31）
 4.3　珠宝线条练习 …………………………………………………（32）
 4.4　线条基本功练习 ………………………………………………（34）
第5章　常见宝石的镶法 ……………………………………………（37）
 5.1　宝石镶嵌类型 …………………………………………………（37）
 5.2　绘制宝石镶口 …………………………………………………（39）
 5.3　镶口案例练习 …………………………………………………（40）
第6章　金属及宝石的上色 …………………………………………（43）
 6.1　上色基本技法 …………………………………………………（43）
 6.2　不同金属的上色技巧 …………………………………………（46）
 6.3　宝石的画法（上色） …………………………………………（48）
 6.4　上色实践线稿 …………………………………………………（55）
第7章　戒指的画法 …………………………………………………（58）
 7.1　绘制戒指使用的工具 …………………………………………（58）

7.2 戒指三视图 …………………………………………………………… (59)
　　7.3 常规立体戒指的画法 …………………………………………… (65)
　　7.4 戒指俯视图效果图 ……………………………………………… (69)
第8章　手镯的结构与画法 ……………………………………………… (70)
　　8.1 手镯的介绍 ……………………………………………………… (70)
　　8.2 手镯案例绘制 …………………………………………………… (71)
第9章　二视图首饰的画法 ……………………………………………… (76)
　　9.1 吊坠 ……………………………………………………………… (76)
　　9.2 耳饰 ……………………………………………………………… (88)
　　9.3 胸针 ……………………………………………………………… (94)
第10章　链扣的结构与手链的画法 …………………………………… (99)
　　10.1 链扣的结构 …………………………………………………… (99)
　　10.2 手链的种类 …………………………………………………… (100)
　　10.3 手链的画法 …………………………………………………… (101)
第11章　商业款套件临摹 ……………………………………………… (107)
　　11.1 珠宝套件介绍 ………………………………………………… (107)
　　11.2 商业款套件案例 ……………………………………………… (107)
　　11.3 商业款套件欣赏 ……………………………………………… (112)

下篇　首饰设计

第12章　入门——首饰创意设计 ……………………………………… (119)
　　12.1 造型视觉原理（形式美原理与法则） ………………………… (119)
　　12.2 素材的提炼 …………………………………………………… (122)
　　12.3 首饰的变形设计 ……………………………………………… (130)
第13章　基础——商业款三件套（设计） ……………………………… (132)
　　13.1 套装珠宝设计案例 …………………………………………… (132)
　　13.2 套装珠宝欣赏 ………………………………………………… (134)
第14章　进阶——项链设计 …………………………………………… (139)
　　14.1 项链的含义 …………………………………………………… (139)
　　14.2 项链的规格 …………………………………………………… (139)
　　14.3 项链设计案例 ………………………………………………… (140)
　　14.4 项链效果图 …………………………………………………… (149)
第15章　中级——系列首饰设计 ……………………………………… (151)
　　15.1 系列设计案例 ………………………………………………… (151)
　　15.2 系列首饰欣赏 ………………………………………………… (158)
　　15.3 学生练习：设计主题 ………………………………………… (162)

第16章 高级——主题性首饰设计 ··· (163)
16.1 主题性首饰设计介绍 ··· (163)
16.2 主题性首饰设计案例 ··· (163)
16.3 主题性首饰欣赏 ·· (167)
第17章 拓展——人工智能(AI)在珠宝设计中的应用 ··· (174)
17.1 人工智能(AI)设计介绍 ··· (174)
17.2 人工智能AI类别 ··· (175)
17.3 神采PromeAI应用于珠宝首饰设计 ··· (175)

上 篇
手绘基础

第1章 珠宝首饰生产流程

在珠宝的设计阶段，设计师接到订单发散思维进行创意设计，其中需要考虑的问题非常广泛，如用户需求、市场接受度、制造材料的特性、珠宝首饰制作工艺、设计元素、佩戴舒适感和制造成本等。

目前我国主要的制版方式有 3 种：手工雕蜡制版、计算机 3D 建模制版和手工金属起版。手工雕蜡制版是指雕蜡师运用雕蜡工具对首饰蜡进行手工雕刻，这种方法多用于不规则的造型复杂的大件首饰蜡版的制作。计算机 3D 建模制版则是指运用首饰建模软件，如 Rhino、Jewel CAD 或 Matrix 进行模型建造，然后采用 3D 打印技术打印出首饰蜡版。一些 3D 打印技术甚至跳过了蜡版浇铸后再翻制成金属的步骤，直接将金属 3D 打印成版。3D 打印技术的广泛应用大大提高了珠宝首饰的加工制作效率，是目前最为普遍的首饰制造方式。手工金属起版是指工艺师直接将金属经锯切、锉修、敲打、扭转、组合、焊接等方式制作成型，手工金属起版对起版师的制作工艺经验要求很高，制作的工时较长，工费也相对更高。

珠宝首饰设计到制版流程如下。

1. 设计图纸

设计师通过与客户进行交流了解客户的需求，设计师可以借用网络信息资源汲取灵感并用设计图表达出来；在纸上构思，绘制作品草图，先用铅笔起稿，勾线，再使用彩铅、马克笔、水粉等上色完成设计图稿。

2. 起版

随着科技的发展，现在大部分设计作品起版都由 Jewel CAD 或 Rhino 等 3D 建模软件建造首饰模型。3D 软件可快速修改参数，还可以利用预置的参数快速生成镶口、宝石、戒圈或标准件，大大提高了生产效率和精度。根据设计图纸，雕蜡师或建模师可以将平面设计图转化为三维的实体模型。这个过程需要考虑到材料的特性、佩戴的舒适感等因素。对于手工雕蜡制版，雕蜡师需要运用专业的雕蜡工具，通过专业的手法对首饰蜡进行精细的雕刻，最终利用失蜡浇铸法制作成首饰银版。

3. 倒银版、执银版（这里是针对蜡版制作的流程，如果是银版制作，可直接跳到下个步骤）

把雕好的蜡版通过失蜡铸造变为银版，再把银版交付给首饰工艺师，他们使用打磨、执模、抛光等技法把首饰货品处理干净并进行美化。

4. 压胶模、割胶模

把做好的银版放入两片工业专用的胶体之间，然后通过一定的压力和温度的作用让银版与胶体紧密结合，再把胶体割开，取出银版，于是胶体中便形成了一个银版的空腔，这样胶模就产生了。制作胶模是为了复制更多的产品，提升生产效率。

5. 注蜡、修蜡

利用注蜡机往上一步骤做好的胶模中注入液体蜡。这种软蜡在注入之前是液体，注入胶膜空腔后待其冷却成固体蜡。再把固体蜡从胶膜中取出，对其进行修理，于是蜡模就产生了。此环节可根据生产需要制作成百上千个蜡模。

6. 倒模

把蜡模通过失蜡铸造工艺浇铸成产品的实际材料，也就是货品的初样（视客户需求可使用各种材料，如18K金、黄金、铂金、银等）。这样，从"版"到"模"再到"货"的过程就基本完成了。以上步骤可以说就是一个材质上的转换过程。

7. 执模

由于倒模的过程比较复杂，出来的粗胚存在容易变形、粗糙等缺陷，因此要进行修饰和调整以及金属表面的处理，这样可以使其更完美。这个环节就是执模。而执模存在着许多复杂的因素，通常来说没有死角位的货品是最好执模的，而且执模后的效果也是最完美的，效率也是最高的。所以设计师设计时一定要尽量避免死角位的出现（所谓死角位就是工具无法触及的地方）。

8. 镶嵌

珠宝首饰制造中宝石镶嵌环节至关重要，因为宝石通常是首饰中不可或缺的组成部分。此过程着重考虑宝石镶嵌的稳定性和安全性，以及宝石表面的平整度与整体美观性。而镶嵌技法多样，涵盖多种工艺类别，有钉镶、包镶、夹镶、爪镶、澳洲镶、无边镶、微镶等，各种镶嵌工艺都有着独特的镶嵌手法和注意事项。

9. 修理

货品经历了镶嵌制作，货品的原有表面和结构难免会有些损伤，所以要对镶嵌好的产品进行修理，使产品更加精致。

10. 抛光、电镀

镶嵌了宝石的产品，还不算是完美的，还没达到出货的标准。这时的产品只呈现原有材质的颜色，要成为能在市场上销售的货品，就得对其进行表面处理，提高表面美观度和保持光亮。这个金属表面的处理优化过程就是抛光和电镀。直到这个步骤结束，一件完美无瑕的珠宝首饰才算真正完成了。最后进入质检和打标、销售上市的环节。

※珠宝制作的工艺

喷砂:是一种广泛应用的珠宝表面处理方法,旨在通过改善金属表面的微观结构来增强其视觉吸引力。此技术是利用高速气流驱动细小磨料颗粒冲击金属表面人为创造细微不平的纹理,这些纹理通过改变光线的反射与散射模式,赋予金属表面丰富的层次感与质感。值得注意的是经喷砂处理的金属表层相对更脆弱,易于遭受刮擦损伤及被污染物附着。鉴于此,在珠宝制造工序中,喷砂之后采取必要的防护与维护措施是至关重要的,旨在维护饰品的美学特性和长久耐用性。

车花:是珠宝制作中一种常见的金属表面装饰工艺,通过使用专业的车花刀在金属表面刻划出各种精美的图案和纹理,以增加珠宝的美感和独特性。

光金:是珠宝制作中一种常见的金属表面处理工艺,能够使金属表面呈现出亮丽的光泽,增加珠宝的吸引力和质感。光金工艺通常是在金属表面抛光后进行的,通过使用专业的光金机器和化学试剂,让金属表面达到高亮度的效果。

珐琅:是一种古老而精湛的技术,被广泛应用于珠宝制作中,为珠宝增添了独特的艺术魅力和价值。珐琅工艺主要是在金属胎体上填充各种颜色的珐琅釉料,经过烧制、磨光、镀金等工序后,形成色彩斑斓、华丽繁复的图案和装饰效果。珐琅工艺的历史可以追溯到古代,当时的工匠们就已经开始使用这种技术来装饰金属器皿和饰品。随着时间的推移,珐琅工艺不断得到发展和完善,逐渐形成了多种流派和风格,如掐丝珐琅、画珐琅、透明珐琅等。在珠宝制作中,珐琅工艺通常用于制作各种精美的镶嵌饰品,如吊坠、耳环、胸针等。设计师可以根据设计要求和消费者的喜好,选择合适的珐琅釉料和图案进行制作。而珐琅师傅则需要运用专业的技艺和工具,在金属胎体上精细地填充、烧制和磨光,最终呈现出色彩斑斓、图案繁复的珐琅珠宝。

花丝工艺:又被称为"细金工艺",是珠宝制作中一种古老而精湛的金属加工技术。它主要利用金、银等贵重金属,通过编织、捶打、焊接等手法,制作出极为精细、富有层次感的金属饰品。花丝工艺历史悠久,最早可追溯到春秋战国时期,那时的工匠们就已经能够制作出精美的花丝镶嵌饰品。

第2章
珠宝绘图工具

1. 绘图模板

常用的绘图模板有宝石模板尺(图2-1)和圆形、椭圆模板尺(图2-2)等,主要用来绘画宝石形状。多功能几何绘图尺(图2-3)主要用来在构图中画直线、量角度、画标准的设计工艺图等。

 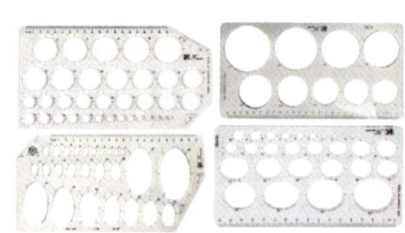 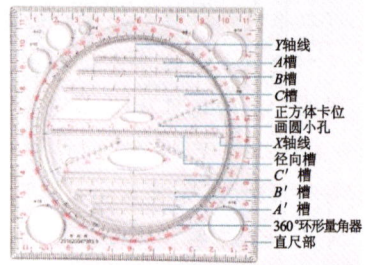

图2-1　宝石模板尺　　　　图2-2　圆形、椭圆模板尺　　　　图2-3　多功能几何绘图尺

2. 绘图彩铅

为了上色方便,可以马上看出效果,一般画标准的商业设计工艺图都会使用彩铅(图2-4)。彩铅一般有两种:一种是油性;另一种是水溶性。可根据不同的绘画技法,选择不同性质的彩铅绘画。

3. 铅笔

铅笔是我们开始学习绘画最早接触的绘图工具之一,一般用来勾设计草图,其特点是绘画线条粗细自如、方便实用。笔芯软硬程度有不同等级:H～4H属于硬铅,适合画清晰的线描图,但不易修改和擦拭;B～6B属于软铅,适合构思草图,容易修改和擦拭。

自动铅笔(图2-5)画出的线条更加细致精确,主要用来勾画正稿。常用的自动铅笔笔芯直径为0.3mm或0.5mm。自动铅笔也有软芯和硬芯之分,可选择不同的硬度而呈现不同的效果。

图 2-4　彩铅

图 2-5　自动铅笔

4. 橡皮

珠宝手绘中橡皮的选择也是有技巧的,可根据不同的使用场景和想要达到的效果进行选择。硬橡皮(图 2-6)体积比较大,使用一段时间后,橡皮棱角会被磨圆,而珠宝设计图细小,用这样的橡皮容易把想保留的线条全部擦掉。所以还需准备一支橡皮笔(图 2-7),橡皮笔粗细有多种选择,可用较细的橡皮笔擦小面积的线条,用较粗的橡皮笔大面积的线条。

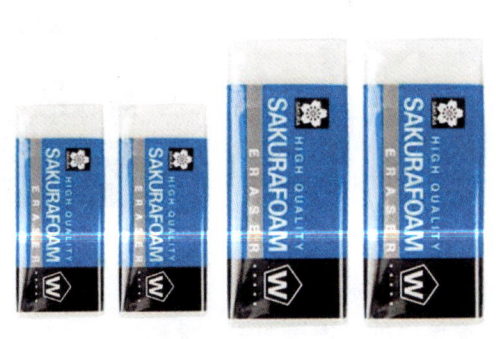

图 2-6　硬橡皮

图 2-7　橡皮笔

5. 颜料

在珠宝手绘中颜料可选用水彩颜料或者水粉颜料。

水彩的颜色十分鲜活,透明度高,容易出现叠层的效果。水彩颜料主要有固体水彩(图 2-8)和管装水彩(图 2-9),两种水彩各有不同。固体水彩体量小,浓度高,价格偏贵,携带方便,更耐用。而管装水彩的颜色鲜艳,价格适中,并且比较温润,方便画笔蘸取更多颜料,通常适合画大件画幅作品。

水粉(图 2-10)与水彩十分相似,水粉在画上没有水彩的透明度强,但有一定的覆盖力。水粉可以通过颜料的叠加来表现画面,可以对画面作反复修改。

图 2-8　固体水彩

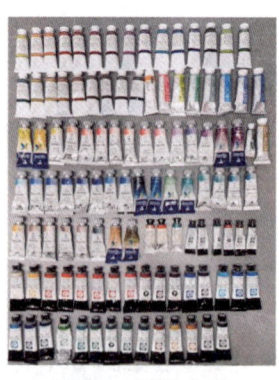
图 2-9　管装水彩

图 2-10　果冻水粉

6. 马克笔

马克笔(图 2-11)具有易挥发性,用于一次性快速绘图,分为油性、水性与酒精性,具有色彩亮丽、着色便捷、笔触明显、携带方便等特点。马克笔一般有 3 种笔头(图 2-12):细头、软头、粗头。细头适合勾线、绘制细节,软头适合多种涂色方式。粗头的马克笔更适合大面积铺底色,软头和细头的适合后面精细刻画。软头适合珠宝首饰设计师用,价格相对较贵。

图 2-11　马克笔

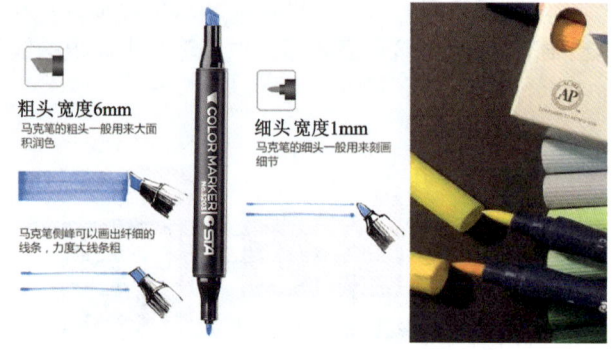
图 2-12　马克笔笔头

7. 勾线笔

一般最终定稿要使用勾线笔,用勾线笔描绘出的首饰造型线条清晰、干净、准确。常用的勾线笔有直径为 0.1mm 的针管笔(图 2-13),直径为 0.2mm 的勾线笔和直径为 0.38mm 或 0.5mm 的圆珠笔(图 2-14)。

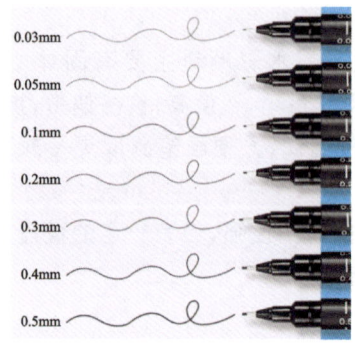
图 2-13　针管笔

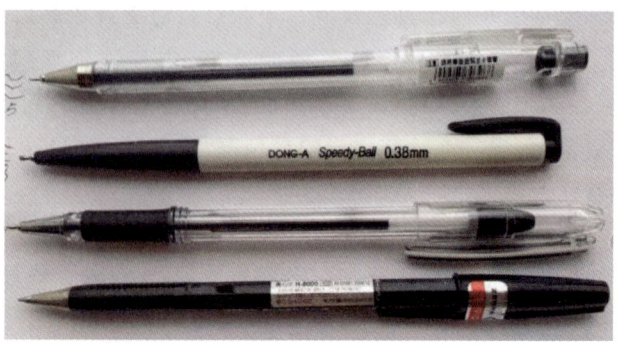
图 2-14　不同类型的勾线笔和圆珠笔

8. 绘图纸

在首饰设计中使用的拷贝纸也叫硫酸纸（图 2-15），主要用来拷贝首饰设计图稿。常用的绘图纸有白色的水彩纸，黑色、灰色牛皮卡纸（图 2-16）。其中，白色的复印纸（在 80g 以上）主要用来绘制常规的商业首饰标准设计图稿。水纹纸和黑卡纸主要用来绘制高级珠宝或艺术创意效果图。

图 2-15　硫酸纸

图 2-16　灰色牛皮卡纸

9. 水彩笔

水彩笔按笔毛的形状可分为圆头（图 2-17）、尖头（图 2-18）、扁头。在珠宝手绘中，我们选择圆头、尖头的水彩笔。笔号不宜过小或过大，即便是勾很细的线条，也尽量不要用小号极细的水彩笔，可以参考华虹的水彩笔。

图 2-17　圆头水彩笔

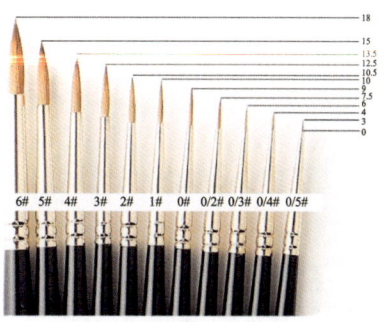

图 2-18　不同大小的尖头水彩笔

10. 高光笔

高光笔是在设计创作中提高画面局部亮度的好工具（图 2-19）。使用技巧：上下摇晃笔杆，使油墨完全混合；按压笔尖排气，将笔尖垂直向下连续按压，直至墨水渗透笔尖即可书写；使用后请拧紧笔盖。细节高光笔（图 2-20）具有极细的笔尖，能够精确地描绘出珠宝上的光泽点，增强画面的立体感和真实感。

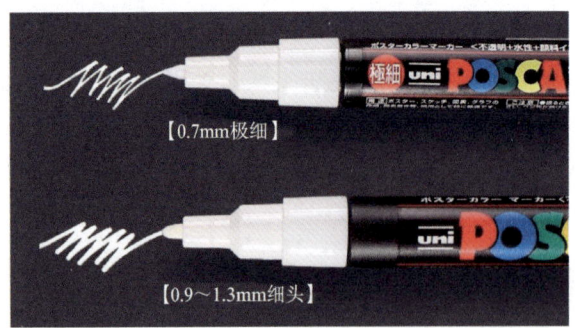

图 2-19　丙烯高光笔

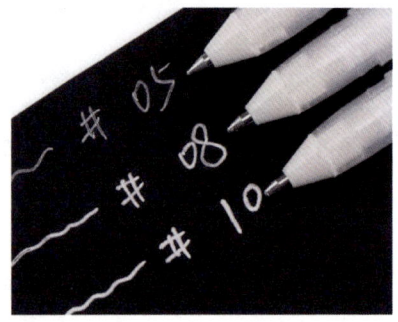

图 2-20　细节高光笔

※珠宝手绘要点

●在使用模板绘图的过程中,笔尖应尽量垂直于纸面,增加精确度。

●由于台灯光源的照射角度不同,模板自身的厚度会在纸上产生阴影,需要设计师根据自身经验降低误差或者将台灯光线垂直于纸面照射,以尽量消除误差。

●绘制辅助线时轻画,自己能看清即可。主刻面线条要绘制均匀,使画面呈现的效果立体且整洁。

●遇到模板上没有的形状或者尺寸不符合要求的情况,有 3 种处理方法:第一,利用模板的局部拼合所需造型;第二,手绘一侧,另一侧借助硫酸纸画对称图;第三,借助计算机绘制所需造型,然后打印在卡纸上。

第3章 基础宝石的画法

3.1 认识宝石

宝石绚丽多彩、质地高雅、珍贵稀少,自古以来就一直为人们所喜爱。

1. 宝石的形状

宝石的形状多种多样,分为刻面和素面(蛋),常见的有圆形、椭圆形、正方形、长方形、心形、水滴形等。在珠宝手绘中,准确地画出宝石的形状对于整体设计效果至关重要。

2. 宝石的光泽

宝石的光泽是评价其质量的重要标准之一。在绘画中,我们要根据宝石的不同种类和品质来描绘其光泽。例如,钻石具有璀璨夺目的金刚光泽,而软玉则呈现出温润的油脂光泽。

3. 宝石的质地

宝石的质地也是其吸引力的重要组成部分。通过笔触和色彩的选择,我们可以表现出宝石的硬度、细腻度以及内部结构等质地特征。

4. 宝石的切割

许多宝石在加工过程中会先进行切割,以展现其最佳的视觉效果。在珠宝手绘中,我们需要准确地画出宝石的切割面,以呈现其独特的魅力。

5. 宝石与金属的结合

在珠宝设计中,宝石与金属的结合是非常常见的。在绘画时,我们要注意表现宝石与金属之间的质感差异和光影效果,以增强整体设计的层次感。

6. 宝石的色彩

宝石的色彩丰富多样,每种宝石都有独特的色彩特征。在珠宝手绘中,我们要准确地表现宝石的色彩,以呈现其独特的魅力。同时,我们还要注意色彩之间的搭配和协调,以营造和谐的整体效果。

7. 宝石的透视

在珠宝手绘中,透视的运用也是非常重要的。准确地表现出宝石的透视关系,可以增强画面的立体感和空间感,使整体设计更加生动和真实。

综上所述,要想在珠宝手绘中准确地展现宝石的魅力,我们需要掌握宝石的形状、光泽、质感、切割,与金属的结合、色彩以及透视等方面的绘画技巧。通过不断地学习和实践,我们可以逐渐提高自己的绘画水平,创作出更加精美和富有创意的珠宝设计作品。同时我们要对画面进行整体的调整和完善。这包括色彩的搭配、光影的处理以及细节的刻画等。通过不断地修改和调整,我们可以使画面更加和谐、立体和真实。

8. 实践练习

要想在珠宝手绘中熟练掌握宝石的绘制技巧,需要大量的实践练习(图 3-1)。我们可以选择一些经典的珠宝设计作品进行临摹,通过不断地练习和总结,逐渐提高自己的绘画水平。同时,我们也可以尝试自己设计一些珠宝作品,通过实践来检验自己的绘画技巧和创作能力。

总之,珠宝手绘是一项需要不断学习和实践的技能。通过掌握宝石的绘制技巧并不断进行实践练习,我们可以逐渐提高自己的绘画水平,创作出更加精美和富有创意的珠宝设计作品。

图 3-1 常见宝石

3.2 简单刻面宝石的画法

刻面宝石光源从左上角 45°照射过来,宝石的台面透出折射光,所以台面的右下角是亮的,左上角由于光照不透,则是暗的。又由于光源照射宝石表面产生的反射光,所以台面外的 8 个风筝面中,左上 3 个是最亮的(图 3-2),右下角 3 个是最暗的。抓住刻面宝石的折射光与反射光,整体把握其余刻面的明暗关系,明与暗都是渐变的。最后,在宝石周围加上两条反光。

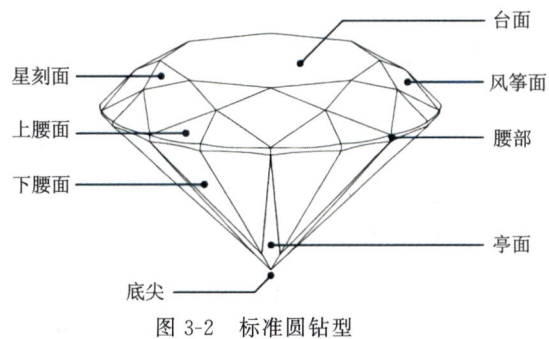

图 3-2　标准圆钻型

3.2.1　圆形刻面宝石

圆形刻面宝石的画法见图 3-3。

(1)用铅笔画出米字定线:先画十字线,再画 45°线(图 3-3a)。

(2)用圆珠笔和圆形模板画出外轮廓,圆形尺寸为 20 号圆(图 3-3b)。

(3)如图 3-3c 所示,用圆珠笔连接圆内的交界点。

(4)如图 3-3d 所示,用圆珠笔连接圆内的交界点。

(5)擦掉辅助线,呈现效果图(图 3-3e)。

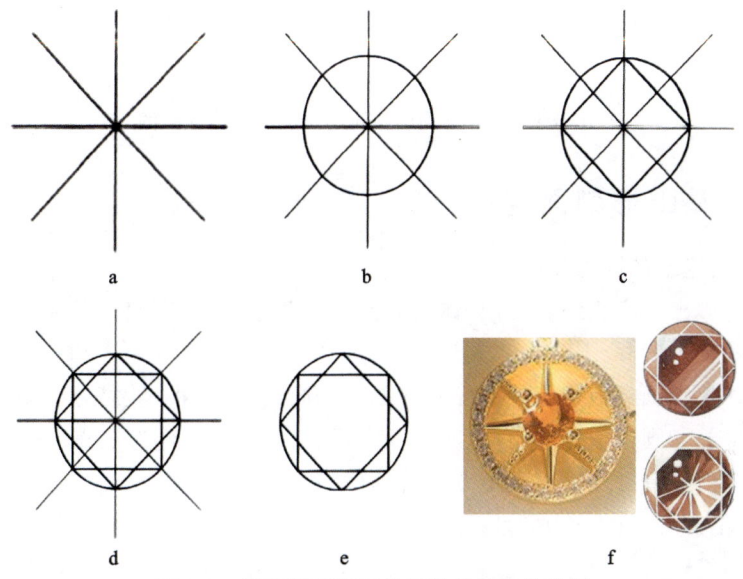

图 3-3　圆形刻面宝石的画法及最终效果图

3.2.2 椭圆形刻面宝石

椭圆形刻面宝石的画法见图 3-4。

(1) 用铅笔画出十字定线,圆珠笔配合椭圆模板进行外轮廓绘制,纵横比为 1.5 : 1(尺寸:25 号椭圆)(图 3-4a)。

(2) 沿着椭圆形外轮廓使用铅笔画 1 个长方形(外),并且连接 3 个点,形成交叉米字形(图 3-4b)。

(3) 如图 3-4c 所示,用圆珠笔连接椭圆和交叉线的交界点。

(4) 如图 3-4d 所示,用圆珠笔连接椭圆和外长方形的交界点。

(5) 擦掉辅助线,呈现效果图(图 3-4e)。

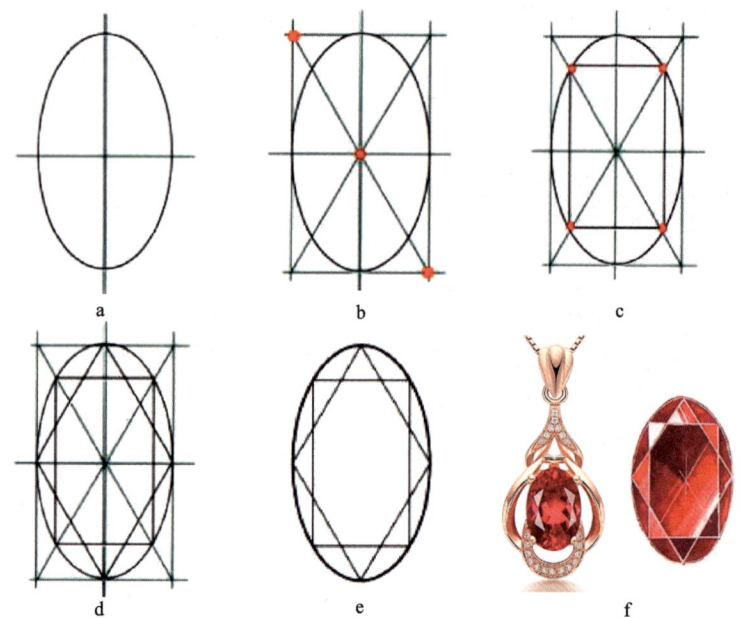

图 3-4　椭圆形刻面宝石的画法及最终效果图

3.2.3 马眼形刻面宝石

马眼形刻面宝石的画法见图 3-5。

(1) 用铅笔画出十字定线,定好长跟宽,宝石长宽比为(1.5～1.75) : 1,建议长 22mm,宽 12mm(图 3-5a)。

(2) 用圆珠笔和圆模板进行绘制(25 号/26 号圆),圆形模板经过三点(图 3-5b)。

(3) 用圆珠笔和圆模板进行绘制,模板向左平移,圆形模板经过三点(图 3-5c)。

(4) 用铅笔沿着马眼外轮廓画 1 个长方形(外),并且连接 3 个点,形成交叉米字形,连接马眼和交叉线的交界点(内长方形)(图 3-5d)。

(5) 用圆珠笔连接马眼和交叉线的交界点(菱形)(图 3-5e)。

(6) 擦掉辅助线,呈现效果图(图 3-5f)。

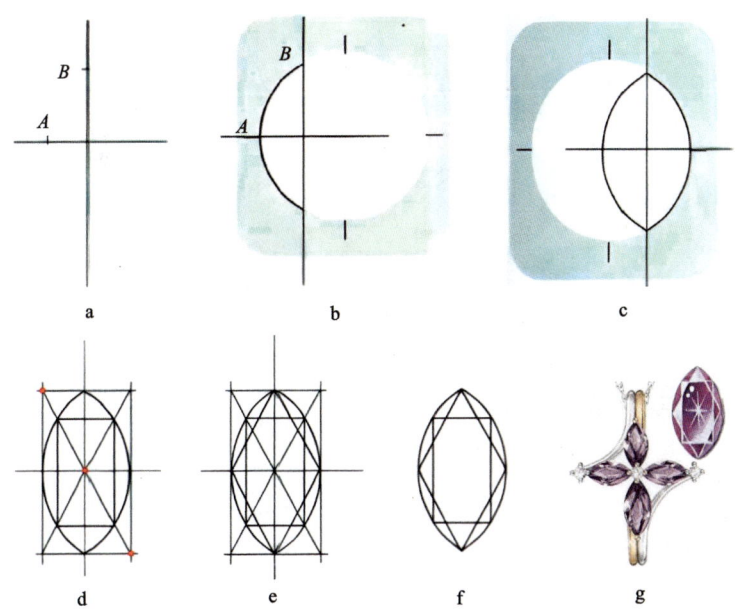

图 3-5　马眼形刻面宝石的画法及最终效果图

3.2.4　水滴(梨)形刻面宝石

水滴(梨)形刻面宝石画法如下(图 3-6)。

(1)用铅笔画出十字定线,使用跟宽一样长的圆的直径,用圆珠笔和 14 号圆画出水滴下半部分,水滴形结合椭圆和马眼宝石的特点,建议尺寸为 22mm×14mm(图 3-6a)。

(2)用直尺定好长跟宽,选定 35 号椭圆用圆珠笔连接水滴上半部分,宝石长宽比为(1.5～1.75)∶1(图 3-6b)。

(3)采用同样的方法完成水滴刻面外轮廓的绘制(图 3-6c)。

(4)沿着水滴外轮廓用铅笔画 1 个长方形(外),并且连接 3 个点,形成交叉米字形,用圆珠笔连接马眼和交叉线的交界点,变成 1 个梯形(图 3-6d)。

(5)用圆珠笔连接水滴和交叉线的交界点(菱形)(图 3-6e)。

(6)擦掉辅助线,呈现效果图(图 3-6f)。

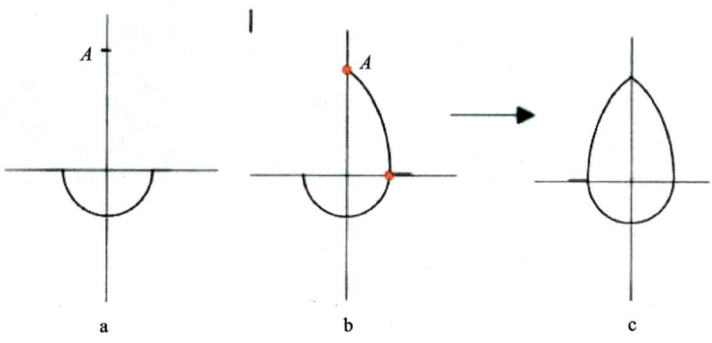

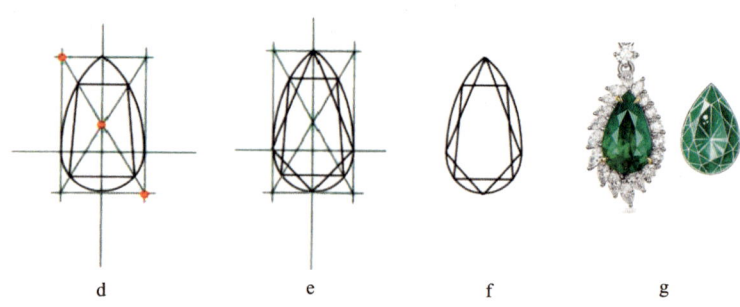

图 3-6　水滴(梨)形刻面宝石的画法及最终效果图

3.2.5　祖母绿型宝石

绿组母型宝石的画法如下(图 3-7)。

(1)用铅笔画出十字定线,定好长跟宽,建议长 36mm,宽 24mm(图 3-7a)。

(2)用圆珠笔和直尺将 4 个点连接成长方形,量好宽的一半的 1/3,用铅笔做好标记,一共 8 个点,它们到长方形直角处距离相等(图 3-7b)。

(3)将长方形内的纵轴三等份,用铅笔将 8 个点和中间的两个点分上下进行连接(图 3-7c)。

(4)量出宽的一半的 1/3,向内同等缩小这个尺寸,用铅笔画出一个长方形,用圆珠笔连接祖母绿的外轮廓线(图 3-7d)。

(5)使用圆珠笔连接交界点和轮廓线(图 3-7e)。

(6)擦掉辅助线,呈现效果图(图 3-7f)。

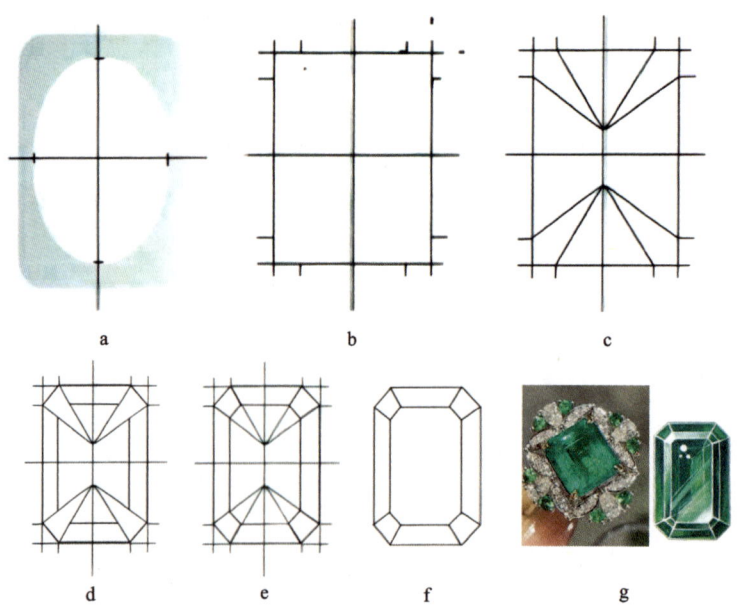

图 3-7　祖母绿型宝石的画法及最终效果图

3.3 复杂刻面宝石的画法

1. 标准圆钻型宝石

1) 标准圆钻型宝石的画法(一)

要点:圆钻的最佳台宽比为 53%~57%,在横向中心线上确定圆钻台面的左右端点,并以这两个端点为边界画圆。

(1) 用铅笔画出十字定线,圆珠笔画出外圆,铅笔画出内圆,建议外圆直径 25mm,内圆直径 13mm(图 3-8a)。

(2) 用铅笔绘制一个直径 19mm 的圆,在外圆和内圆的 1/2 处,将每 90°分成 4 份,画好虚线(图 3-8b)。

(3) 用圆珠笔将外圆三角连接,圆形模板经过三点(图 3-8c)。

(4) 用圆珠笔将内圆三角连接(图 3-8d)。

(5) 用圆珠笔将绿色虚线连接起来(图 3-8e)。

(6) 擦掉辅助线,呈现效果图(图 3-8f)。

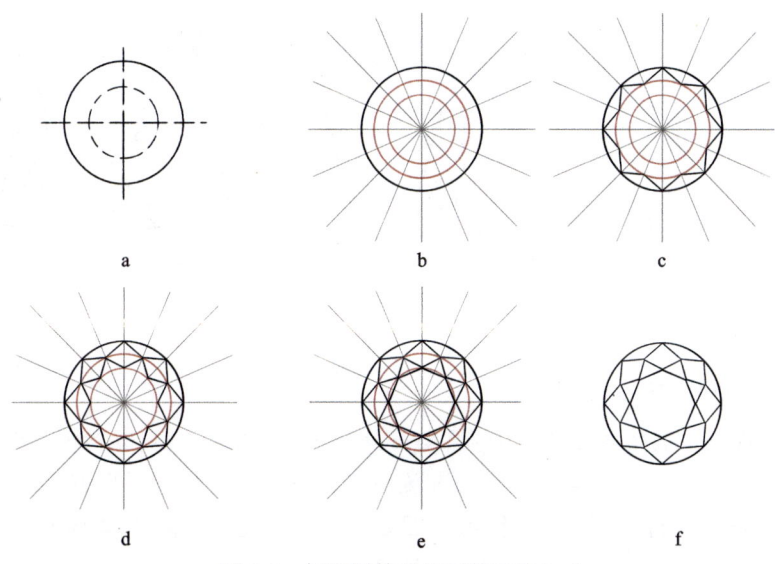

图 3-8 标准圆钻型宝石的画法(一)

2) 标准圆钻型宝石的画法(二)

要点:第一幅图(图 3-9a)按照简单圆形步骤绘制,绘制两个错开 90°的正方形;利用两个正方形产生的交点进行连线,两点间隔连直线,得到小正方形。

(1) 按照图 3-3 画出简单圆形刻面宝石,用圆珠笔画出外圆,用铅笔画直线(图 3-9a)。

(2) 用圆珠笔将 4 个红点连接成一个正方形(图 3-9b)。

(3) 用圆珠笔将另外一个正方形画出来,没有红点的线用圆珠笔进行勾线(图 3-9c)。

(4) 擦掉辅助线,找出两个风筝面的中间点,像绿色的线一样用圆珠笔连接起来(图 3-9d)。

(5)将剩余的线用圆珠笔连接起来(图3-9e)。

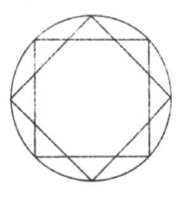 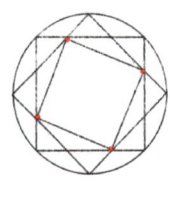 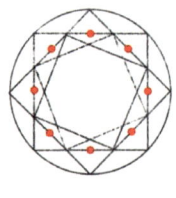 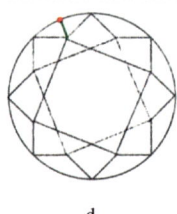 
　　　a　　　　　　　　b　　　　　　　　c　　　　　　　　d　　　　　　　　e

图3-9　标准圆钻型宝石的画法(二)

2. 复杂椭圆形刻面宝石的画法

要点:第一幅图(图3-10a)按照简单椭圆形步骤绘制,椭圆形钻石最佳台宽比为55%～60%。

(1)按照图3-4画出简单椭圆形刻面宝石,用圆珠笔画出外圆,用铅笔画直线(图3-10a)。
(2)使用圆珠笔将4个红点连接成一个平行四边形(图3-10b)。
(3)使用圆珠笔将另外一个的平行四边形画出来(图3-10c)。
(4)红点除外的线用圆珠笔进行勾线,擦掉辅助线(图3-10d)。
(5)找出两个风筝面的中间点,用圆珠笔连接起来(图3-10e)。

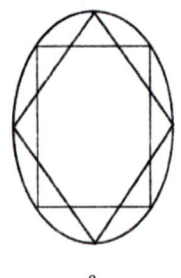 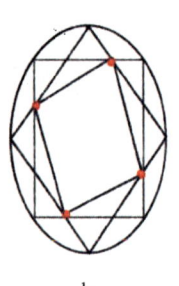 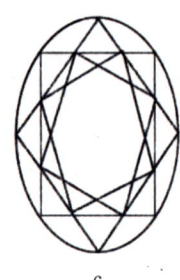 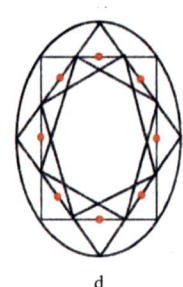 
　　　a　　　　　　　　b　　　　　　　　c　　　　　　　　d　　　　　　　　e

图3-10　复杂椭圆形刻面宝石的画法

3. 肥三角形刻面宝石的画法

要点:3个红色是三角形三边的中点,宝石分为6份(图3-11c);6个红色点是黄色线的二分之一(图3-11d)。注意蓝色实线的长短要统一(图3-11e);画完之后删除虚线内圈;红线为连接交叉点(图3-11f);接上3个红色点(图3-11g)。台宽比一般为50%。

(1)使用圆珠笔和宝石模板画出宝石外轮廓(图3-11a)。
(2)使用铅笔将3个角连接成一个三角形(图3-11b)。
(3)a,b,c为3个边的中点,将其与相对的角用铅笔垂直连接(图3-11c)。
(4)红点为黄线的中点,将红点连接,成为一个小的弧面三角形(图3-11d)。
(5)使用圆珠笔沿着蓝色虚线画出4个四边形(图3-11e)。
(6)使用圆珠笔将4个红点连接成一个四边形(图3-11f)。
(7)使用圆珠笔将另外一个四边形画出来(图3-11g)。
(8)红点除外的线用圆珠笔进行勾线,擦掉辅助线(图3-11h)。
(9)找出两个风筝面的中间点,用圆珠笔连接起来(图3-10)。

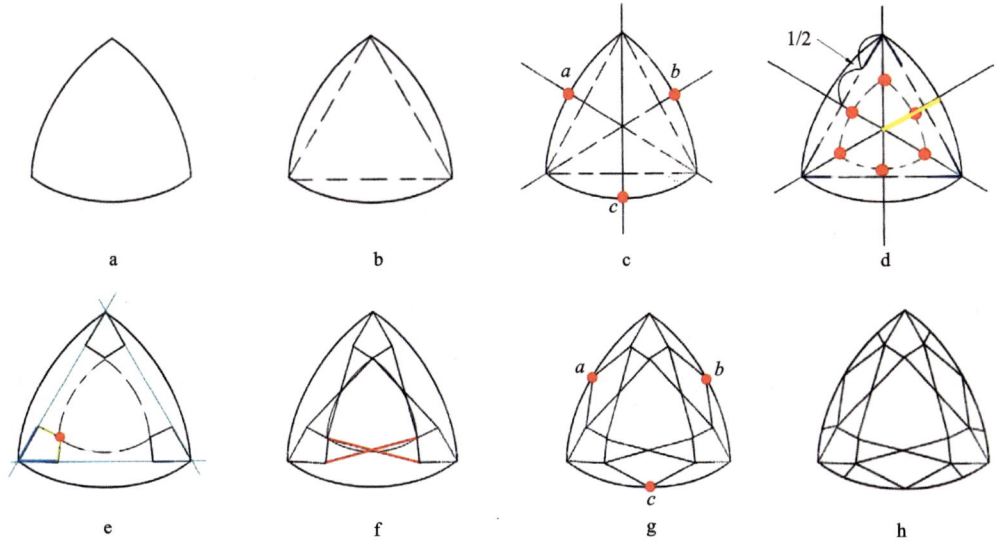

图 3-11　肥三角形刻面宝石的画法

4. 枕型刻面宝石的画法

要点：中间小台面为宝石一半的一半，交叉连接相邻的风筝面的两边端点。

(1)使用圆珠笔和宝石模板将外轮廓画出来，也可以用铅笔画好直线，弧度用椭圆进行绘制，然后找出中间小台面的4个点，如用直尺绘制建议尺寸24mm×24mm(图3-12a)。

(2)使用铅笔将4个红点连接成一个弧面正方形，中间为台面，也可不进行绘制。使用圆珠笔在两个枕形中间绘制出蓝色的线，绘制一个四边形(图3-12b)。

(3)使用圆珠笔将4个四边形绘制完毕(图3-12c)。

(4)使用圆珠笔连接相邻的两个四边形的端点，并连接绿色线条和蓝色线条(图3-12d)。

(5)将剩余的线用圆珠笔连接起来，擦掉辅助线(图3-12e)。

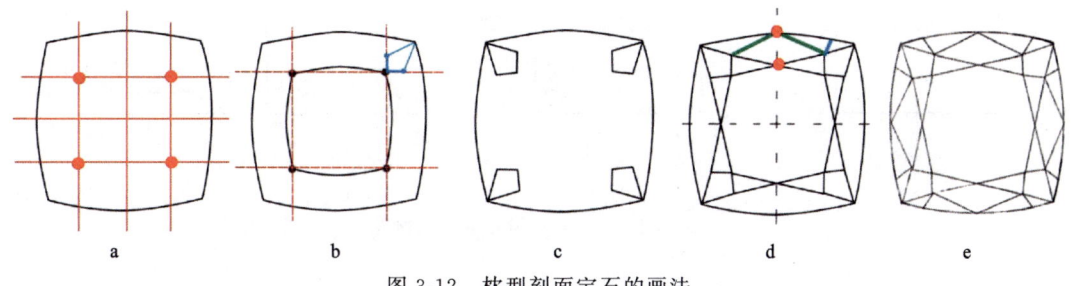

图 3-12　枕型刻面宝石的画法

5. 雷迪恩刻面宝石的画法

要点：中间小台面为宝石宽一半的一半，然后在两个线之间1/2画出另一个祖母绿形。

(1)按照图3-7画出宝石外轮廓，或者使用宝石模板画出外轮廓，铅笔画辅助线，中间的长方形是向内缩小宝石宽的一半的尺寸，蓝色的线和红点到红点之间的距离相等(图3-13a)。

(2)使用圆珠笔将宝石边缘与长方形的角连接成4个三角形(图3-13b)。

(3)使用圆珠笔找出绿色线的中点,将8根直线的中点用圆珠笔连接起来,红点除外的线用圆珠笔进行勾线(图3-13c)。

(4)擦掉辅助线,将绿色的线用圆珠笔连接起来(图3-13d)。

(5)将剩余的线用圆珠笔连接起来(图3-13e)。

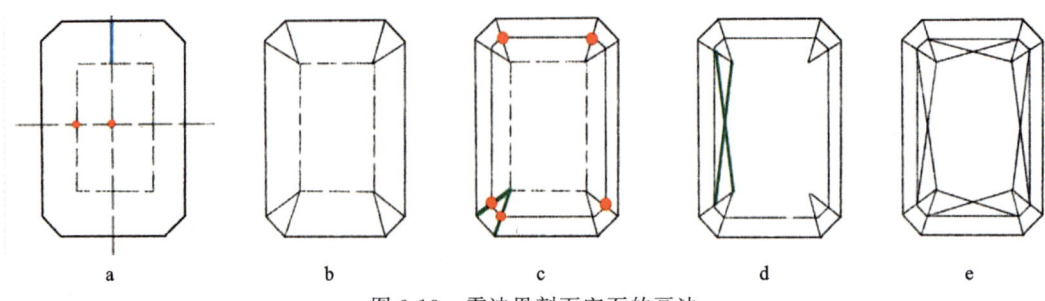

图3-13　雷迪恩刻面宝石的画法

6. 公主方刻面宝石的画法

要点:注意中间台宽比为50%～60%。

(1)使用圆珠笔和宝石模板画出宝石外轮廓20mm×20mm,或者使用铅笔和直尺画出直线(图3-14a)。

(2)使用圆珠笔将4个红点连接成一个四边形,其他3个角以同样的方式画四边形(图3-14b)。

(3)使用圆珠笔连接黄色的交叉线,然后连接绿色的线(图3-14c)。

(4)使用圆珠笔将剩余的线连接起来(图3-14d)。

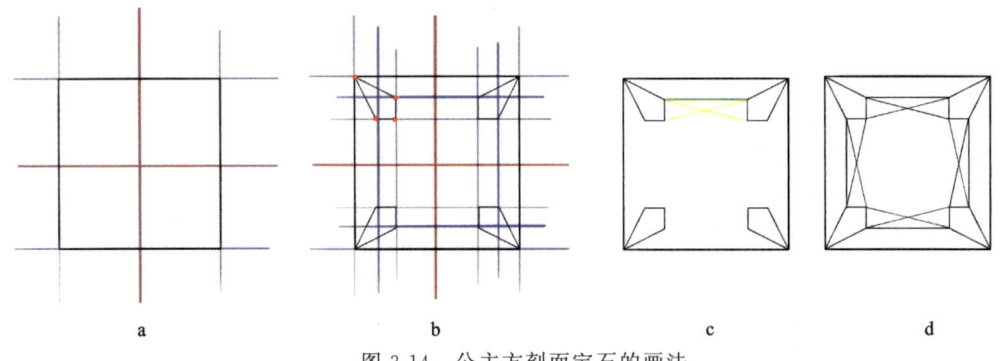

图3-14　公主方刻面宝石的画法

3.4　素(蛋)面宝石的画法

3.4.1　素(蛋)面宝石的介绍

素(蛋)面宝石分两类:透明宝石(图3-15)和不透明宝石(图3-16)。

透明宝石有折射光,光源会穿过宝石;不透明宝石光源穿不过去,在表面就反射了,所以没有折射光。但它们都有一样的表面反射光,即高光,它是最强最白的。所以在画透明宝石时,左上角来光,光穿过宝石,右下角则是反光,画得要比高光稍微暗一些。绘制透明宝石的秘诀在于:突出暗部和高光的对比。暗部越暗,高光越亮,产生的对比越强,宝石就越通透,越立体。

图 3-15　透明宝石

图 3-16　不透明宝石

不透明宝石的光也是从左上角来的,不透明的素(蛋)面宝石没有折射光,光在表面反射,形成强烈的高光。在绘制这类宝石时,要注意高光的亮度和位置,以及与周围暗部的对比。高光应该是最亮的部分,而暗部则应该相对较暗,以突出宝石的质感和立体感。

注意:区分刻面宝石的光源(图 3-17)和素(蛋)面宝石的光源(图 3-18)。遵循左上方 45°打光原则,通常高光的角度与 45°的光线保持垂直的关系(图 3-19)。

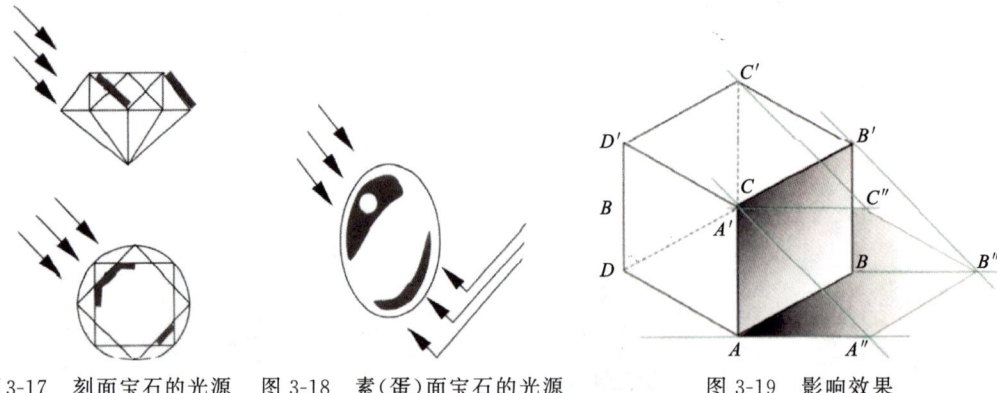

图 3-17　刻面宝石的光源　　图 3-18　素(蛋)面宝石的光源　　图 3-19　影响效果

3.4.2　素(蛋)面宝石类别

(1)素(蛋)面宝石常见有圆形、马眼形、水滴形、椭圆形、糖塔形、心形、福豆形、叶子形和三角形(图 3-20)等。在绘制素(蛋)面宝石前,建议多观察真实的宝石样本或参考照片,以获取更准确的色彩、光泽和质感信息。

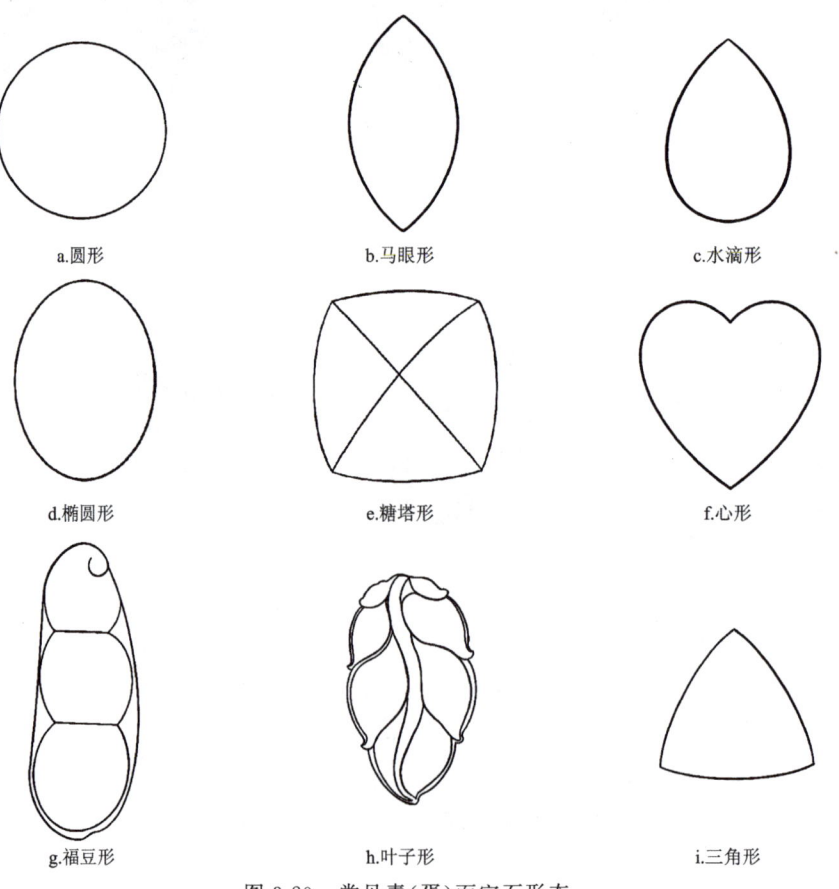

图 3-20　常见素(蛋)面宝石形态

(2)不同形状和大小的素(蛋)面宝石在绘画过程中可能会有些许差异。在实际绘画时,可以根据具体情况灵活调整绘画步骤和技巧,以达到最佳的效果。

下面了解一下常规宝石的绘画技巧,希望大家能举一反三。

3.4.3 椭圆素(蛋)面宝石绘制的过程

椭圆透明素(蛋)面宝石黑白绘画过程如下(图3-21)。

(1)确定形状:使用铅笔或圆珠笔根据所需的宝石形状(如圆形、椭圆形等)勾画出外轮廓,确保轮廓线流畅(图3-21a)。

(2)铺好底色:使用2B铅笔为宝石的底面铺上一层底色。后期上色时,底色应根据宝石的实际颜色来选择,以呈现真实的色彩效果(图3-21b)。

(3)加深暗部:在高光周围和宝石的暗部,使用较深的色调进行绘制,以增强宝石的立体感和光泽度。注意暗部和高光的对比,使宝石看起来更加通透(图3-21c)。

(4)细节处理,表现透明感:仔细检查并完善宝石的细节部分。透明宝石的特点在于光线能够穿透宝石内部。在绘制时,需要在宝石内部绘制一些折射光线,以增加宝石的通透感(图3-21d)。可以通过添加一些纹理或线条来增强宝石的真实感,同时确保整体画面的和谐与统一。

(5)描绘高光:在宝石的表面绘制高光部分(图3-21e)。高光的位置应根据光源方向(通常是左上方45°)来确定。高光是最亮的部分。使用白色高光笔来描绘高光,使其与周围的暗部形成对比,以增强宝石的光泽感。

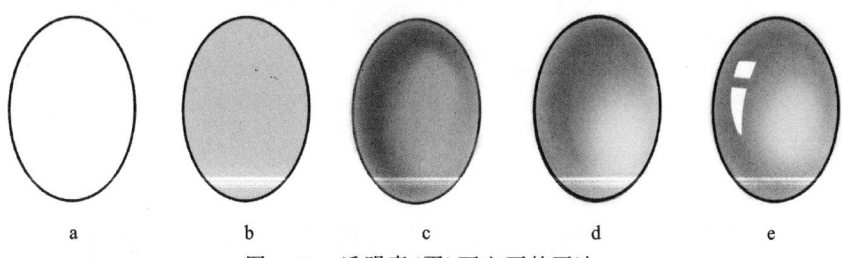

图3-21 透明素(蛋)面宝石的画法

椭圆不透明素(蛋)面宝石黑白绘画过程如下(图3-22)。

(1)确定形状:使用铅笔或圆珠笔根据所需的宝石形状(如圆形、椭圆形等)勾画出外轮廓,确保轮廓线流畅(图3-22a)。

(2)铺好底色:使用2B铅笔为宝石的底面铺上一层底色(图3-22b)。后期上色时,底色应根据宝石的实际颜色来选择,以呈现真实的色彩效果。

(3)加深暗部:在宝石右下角和宝石的暗部,使用较深的色调进行绘制,以增强宝石的立体感和光泽度(图3-22c)。

(4)描绘高光:在宝石的表面绘制出高光部分(图3-22d)。高光的位置应根据光源方向(通常是左上方45°)来确定。高光是最亮的部分。使用白色或浅色来描绘高光,不透明宝石的高光可能更加集中和强烈。

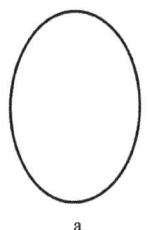 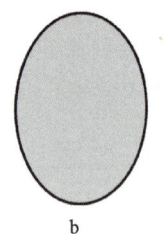 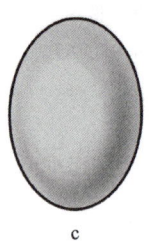 

a　　　　　　b　　　　　　c　　　　　　d

图 3-22　不透明素(蛋)面宝石的画法

3.4.4　不同类型的素(蛋)面宝石黑白的画法

按照椭圆素(蛋)面宝石的画法,绘制不同类型的素(蛋)面宝石(图 3-23～图 3-28)。

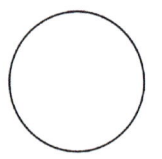  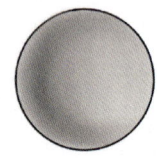  

图 3-23　圆形透明素(蛋)面宝石的画法

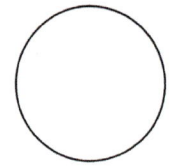 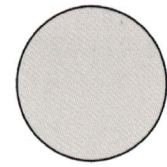  

图 3-24　圆形不透明素(蛋)面宝石的画法

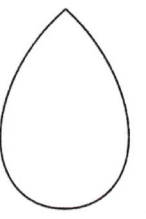 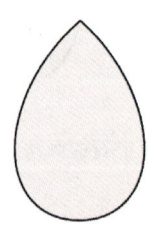 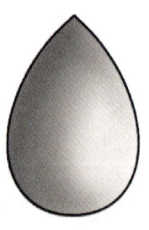 

图 3-25　水滴形透明素(蛋)面宝石的画法

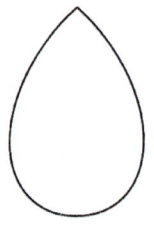 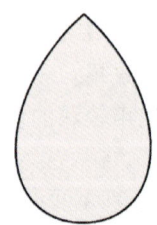  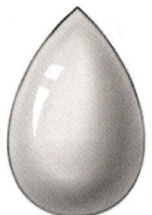

图 3-26　水滴形不透明素(蛋)面宝石的画法

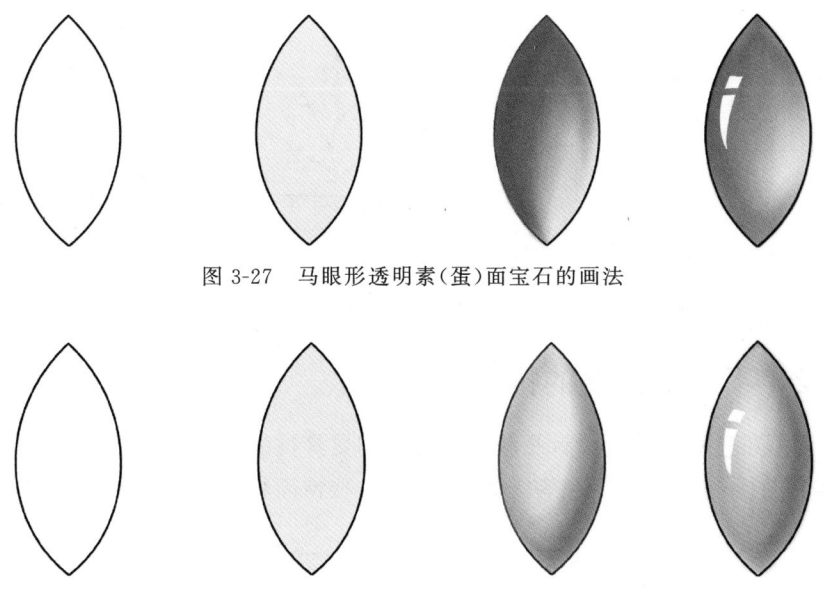

图 3-27　马眼形透明素(蛋)面宝石的画法

图 3-28　马眼形不透明素(蛋)面宝石的画法

3.5　宝石的排列设计

3.5.1　相同规格宝石的排列技巧

宝石的排列方法主要有 4 份、6 份、8 份、12 份等,根据不同的旋转方法可以设计出多种排列方式。

8 份排列法则是一种复杂的排列方式。它要求将 360°分成 8 等份,宝石按照一定的规律进行排列(图 3-29)。

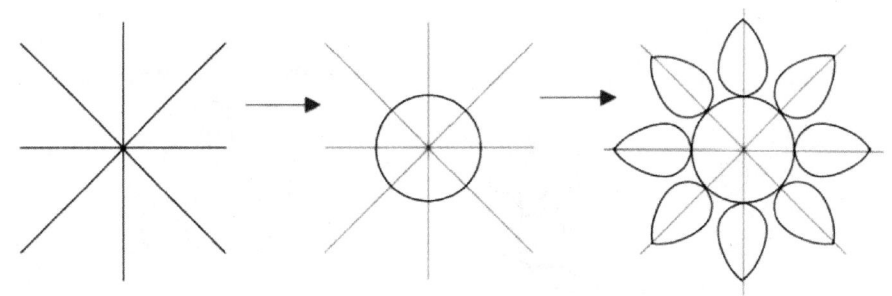

图 3-29　8 份排列法宝石设计

12 份排列法则更为精细,需要将 360°分成 12 个等份,每个角度为 30°,以创造出更为丰富和复杂的宝石排列效果(图 3-30)。在绘制这类宝石时,首先要确定好中心点,然后按照所需的份数将圆周进行等分。除了等分排列法,还可以尝试其他不同的排列方式,如旋转排列(图 3-31)、交错排列、螺旋排列等。

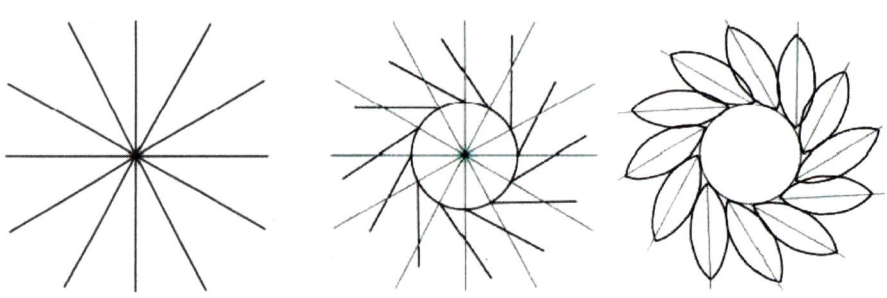

图3-30　12份排列法则示例　　　　　图 3-31　宝石旋转排列

3.5.2　不规则宝石的排列技巧

(1)不同规格宝石的排列设计相较于规则排列更具挑战性和创意性。宝石排列时,需要充分考虑宝石的形状、大小、颜色等因素,以创造出独特而和谐的设计效果(图 3-32)。

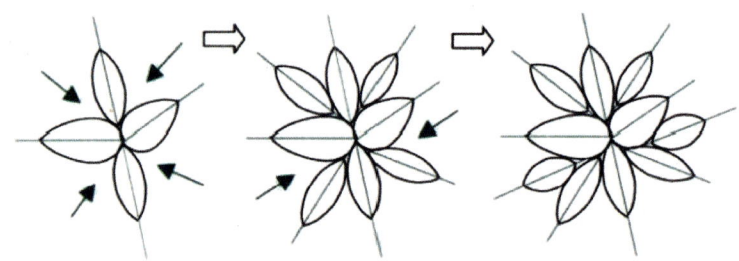

图 3-32　不同大小宝石的非对称排列

(2)选择不同形状和大小的宝石进行搭配,可以使整个设计更加生动有趣。例如,可以将圆形、水滴形、马眼形等不同类型的宝石混合使用,以产生丰富多样的视觉效果。

(3)在排列宝石时,可以运用对比和呼应的手法。通过对比不同形状、大小或颜色的宝石,可以突出设计的重点和亮点。同时,利用呼应关系,将相同或相似的宝石元素在设计中进行呼应,可以增强整体设计的连贯性和协调性(图 3-33)。

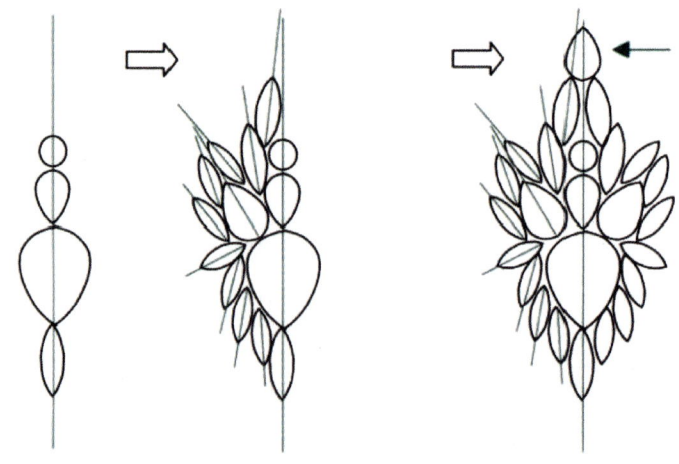

图 3-33　不同大小宝石的对称排列

(4)不规则宝石也可以尝试采用自由排列的方式。即不按照固定的规律或模式进行排列,而是根据宝石的特点和设计的需要自由地进行组合和布局。这种排列方式可以更加灵活地展现宝石的个性和特点,使设计更具创意性。

(5)不规则宝石的排列设计需要注重整体的平衡与和谐。尽管宝石的排列可能看起来不规则,但整体上应该保持平衡和稳定感,避免出现过于凌乱或失衡的情况。

图 3-34 中简单款耳饰的宝石排列方式:以水滴形宝石为中心,配石选择体型相似的宝石。图 3-35 中复杂款耳饰的宝石排列方式:以圆形宝石为中心,配石选择马眼形宝石、梯形宝石及丝带等,款式较为豪华。

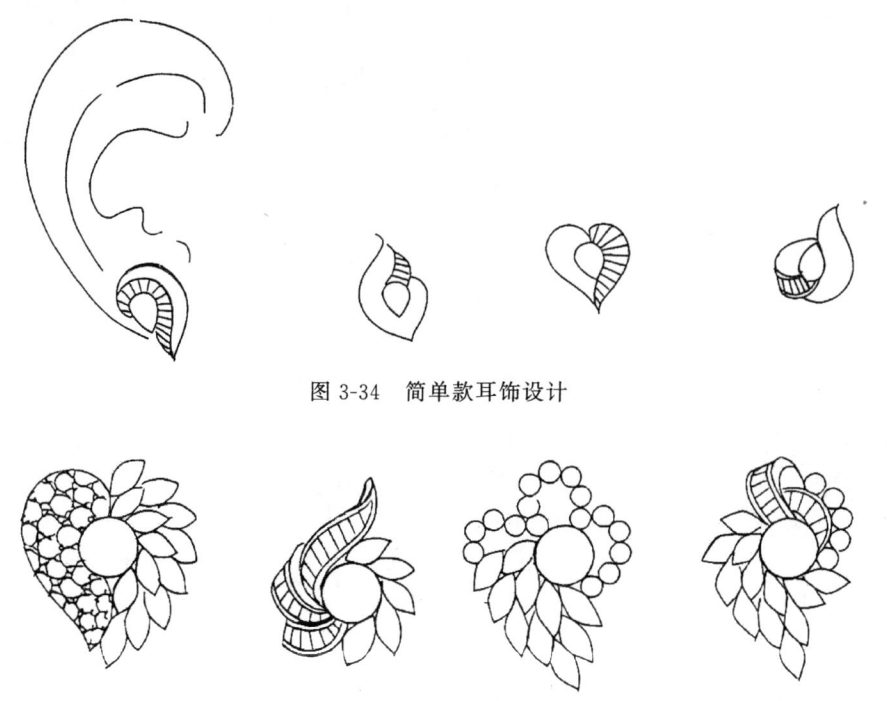

图 3-34　简单款耳饰设计

图 3-35　复杂款耳饰设计

在绘制这些设计图时,可以使用专业的绘图软件或手绘工具,要注重细节和比例的处理,确保设计图的准确性和美观性。同时,根据设计图中的宝石排列方式,可以推算出所需的宝石数量、大小等信息。

以耳饰设计为例(图 3-36),在设计过程中,我们可以选择不同形状和大小的刻面宝石进行组合。例如,可以采用水滴形、马眼形或枕形等刻面宝石。

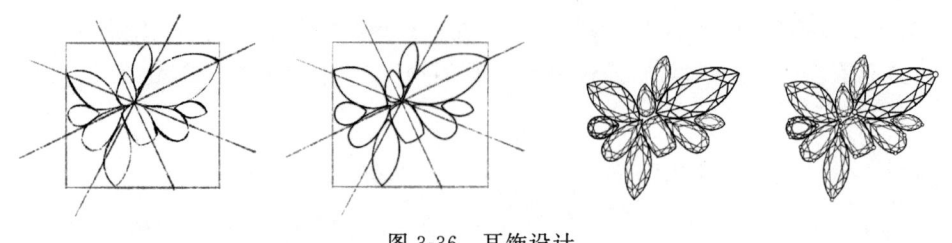

图 3-36　耳饰设计

3.5.3 简单宝石排列案例练习

在本次简单案例练习中(图 3-37),我们将选择素面宝石和刻面宝石进行宝石的排列练习,以加深对宝石排列技巧的理解和应用。可以选取一款素面宝石作为主体,素面宝石以其柔和的光泽和温润的质感为特点,非常适合作为珠宝设计的焦点。接着,我们可以围绕这款素面宝石,精心挑选几款刻面宝石进行搭配。

图 3-37 简单宝石排列

3.5.4 复杂宝石排列案例练习

排列宝石以手链设计为例(复杂款)(图 3-38):采用不同形状和大小的宝石相互环绕,如水滴形、方形等。在设计中,可以通过调整宝石的排列方式和组合方式,创造出不同风格的手链。

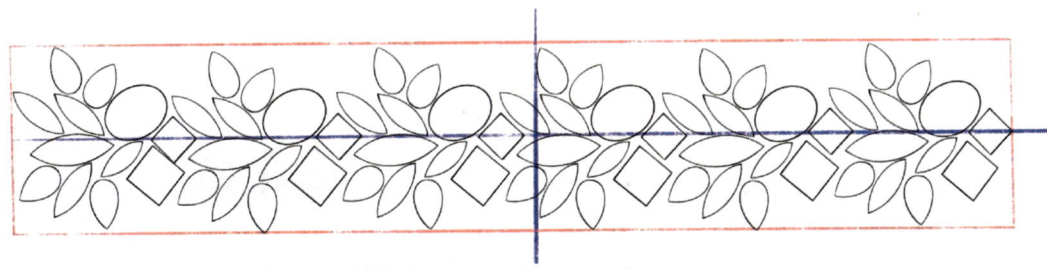

图 3-38 复杂款手链设计

排列宝石以项链设计为例(复杂款)(图 3-39):采用多颗不同形状和大小的宝石进行组合。

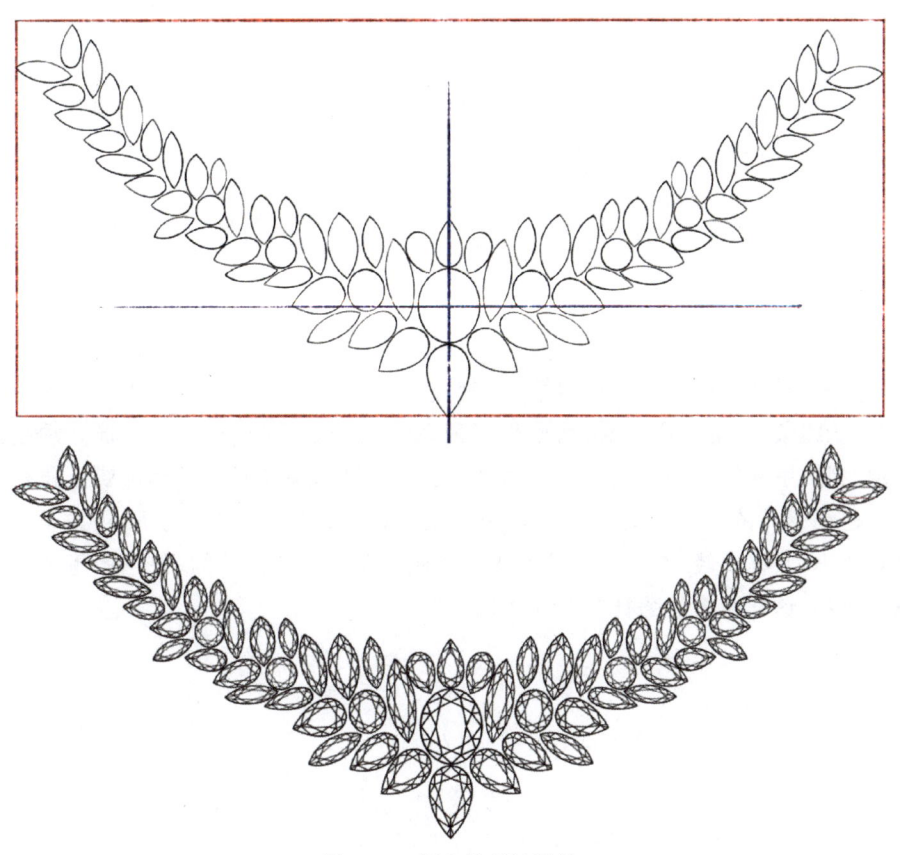

图 3-39 复杂款项链设计

第4章 基本线条练习

4.1 认识线条

在练习线条过程中容易出现的问题:①线条犹豫(图 4-1);②接线不流畅(图 4-2);③收笔不干脆(图 4-3);④蹭线及线条抖(图 4-4)。

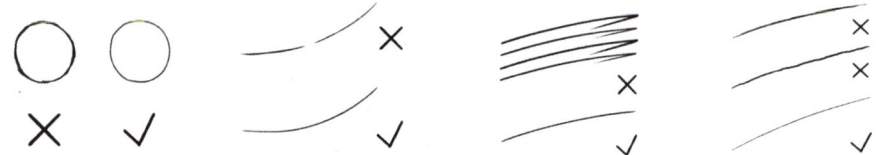

图 4-1 线条犹豫　　图 4-2 接线不流畅　　图 4-3 收笔不干脆　　图4-4 蹭线及线条抖

注意:长线条,收笔贴合桌面,利用小臂带动手腕快速画线条,不要犹豫。短线条,小臂保持稳定,利用手腕的转动带动手的转动,快速画出短线,注意起笔落笔都要干净利落。

线条粗细变化的练习参看图 4-5,依线条从轻到重方向,先由上而下,再由下而上落笔。注意落笔要重,收笔要轻,而比例必须均衡。依图 4-6 所示进行练习,注意着笔要头重尾轻,保持线条流畅,这样绘出的图样才有立体感。

图 4-5 线条粗细变化的练习

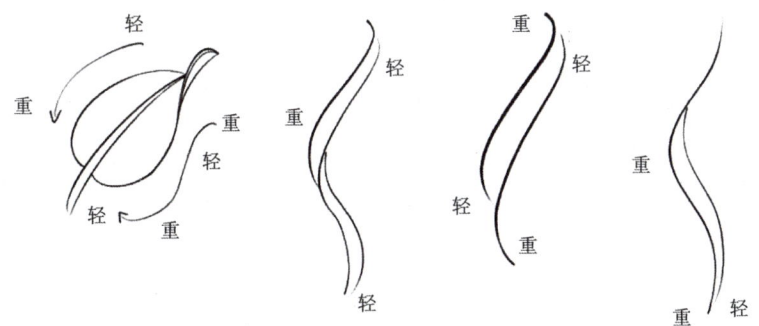

图 4-6　复杂线条粗细变化的练习

4.2　曲线练习

4.2.1　花朵绘制案例 1

(1)观察花朵,对花朵结构进行分析,确定花朵的大轮廓、长度和宽度,勾勒出花朵大致的形状(图 4-7a)。

(2)从花朵的部分开始,用轻柔的曲线勾勒出花瓣的轮廓,注意保持线条的流畅与连贯(图 4-7b)。

(3)在花瓣的交界处或阴影部分添加一些深色线条,注意线条的力度,表现出线条的轻重感觉(图 4-7c)。

(4)检查画面的整体效果,进行调整和完善(图 4-7d)。

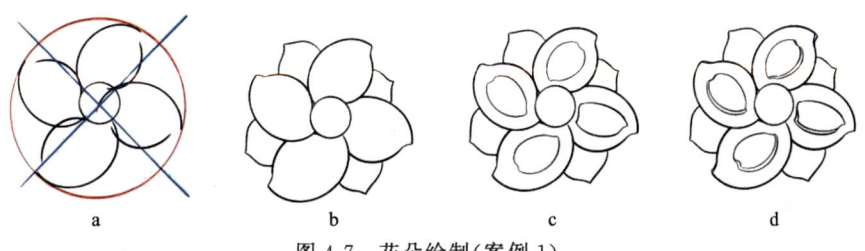

图 4-7　花朵绘制(案例 1)

4.2.2　花朵绘制案例 2

(1)观察花朵,确定花朵的大轮廓、长度和宽度,勾勒出花朵的数量(图 4-8a)。

(2)分四块进行细节绘制,勾勒出花朵大致的形状(图 4-8b)。

(3)擦除辅助线,使用不同粗细线条刻画细节,注意线条轻重(图 4-8c)。

(4)最后绘制花蕊,检查画面的整体效果(图 4-8d)。

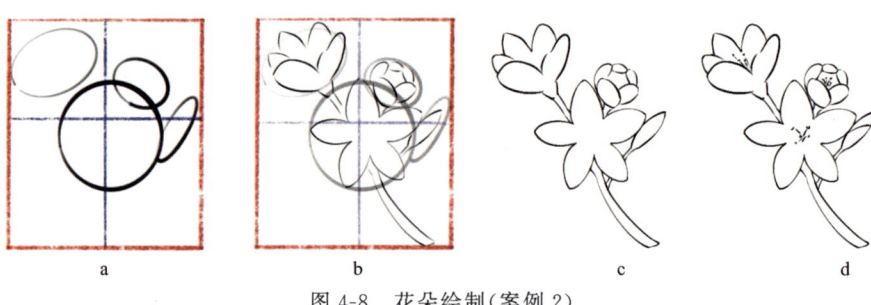

图 4-8 花朵绘制（案例 2）

4.2.3 花朵绘制案例 3

(1) 画好十字定线，定好长宽，画出一个长方形，勾勒出花朵的数量（图 4-9a）。

(2) 对花朵部分逐步进行细节绘制（图 4-9b）。

(3) 擦掉辅助线，使用不同粗细线条刻画细节，注意线条轻重（图 4-9c）。

(4) 绘制亮部，检查画面整体效果（图 4-9d）。

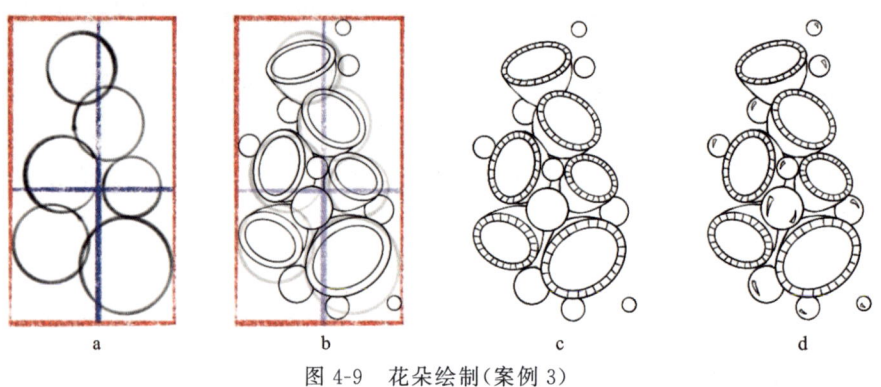

图 4-9 花朵绘制（案例 3）

4.3 珠宝线条练习

在珠宝设计中，线条的巧妙运用可以赋予作品独特的魅力和个性，线条可以用来勾勒宝石的形状，定义金属的结构，甚至营造整体的动感和节奏感。线条的节奏感是设计中不可或缺的元素，它能够赋予作品独特的韵律和动感。在练习时，可以尝试通过控制线条的长短、间距和弯曲度来营造不同的节奏感。

4.3.1 弯曲面金属线条的画法

(1) 画出辅助线，绘制大概外形轮廓，保持线条流畅，避免出现抖动和断线，以确保轮廓的平滑度（图 4-10a）。

(2) 选用粗细合适的线条，突出重点部分，确定造型（图 4-10b）。

(3)调整和增加厚度,使其更具立体感和质感,添加细节,完成绘制(图4-10c)。

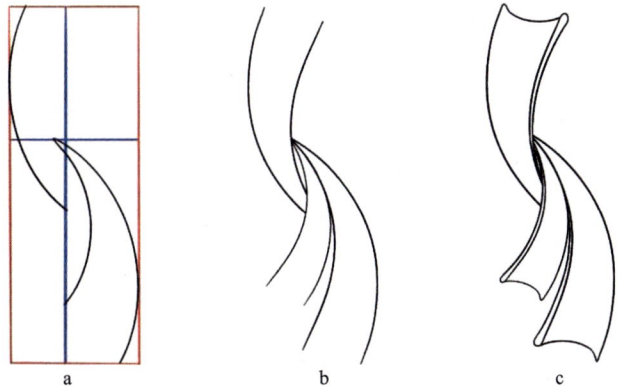

图4-10 弯曲面金属线条的绘制

4.3.2 平面金属线条的画法

(1)画出辅助线,确定基本形状和尺寸,可以先用线条勾勒出大致的轮廓(图4-11a)。
(2)描绘出平面金属的详细结构,定好线稿(图4-11b)。
(3)调整和增加平面金属的厚度,加深线条颜色、检查线条是否流畅(图4-11c)。

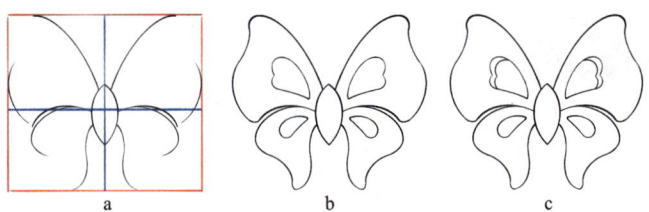

图4-11 平面金属线条的绘制

4.3.3 浑圆金属蝴蝶结的画法

(1)画出辅助线,大概描绘出蝴蝶结的形状,注意线条流畅(图4-12a)。
(2)根据辅助线,描绘出蝴蝶结的详细轮廓,添加细节(图4-12b)。
(3)调整和增加蝴蝶结的厚度,检查整体造型,完成绘制(图4-12c)。

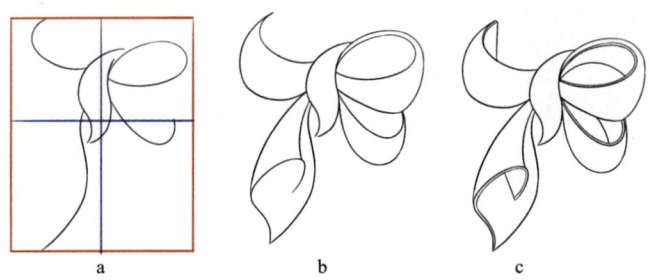

图4-12 浑圆金属蝴蝶结的绘制

4.4 线条基本功练习

根据图 4-13 进行曲线的练习，在这个过程中，注意观察曲线的变化，掌握曲线的走势和节奏，具有一定的熟练度以后进行简易线条案例的练习（图 4-14），最后进行复杂线条案例的练习（图 4-15）。

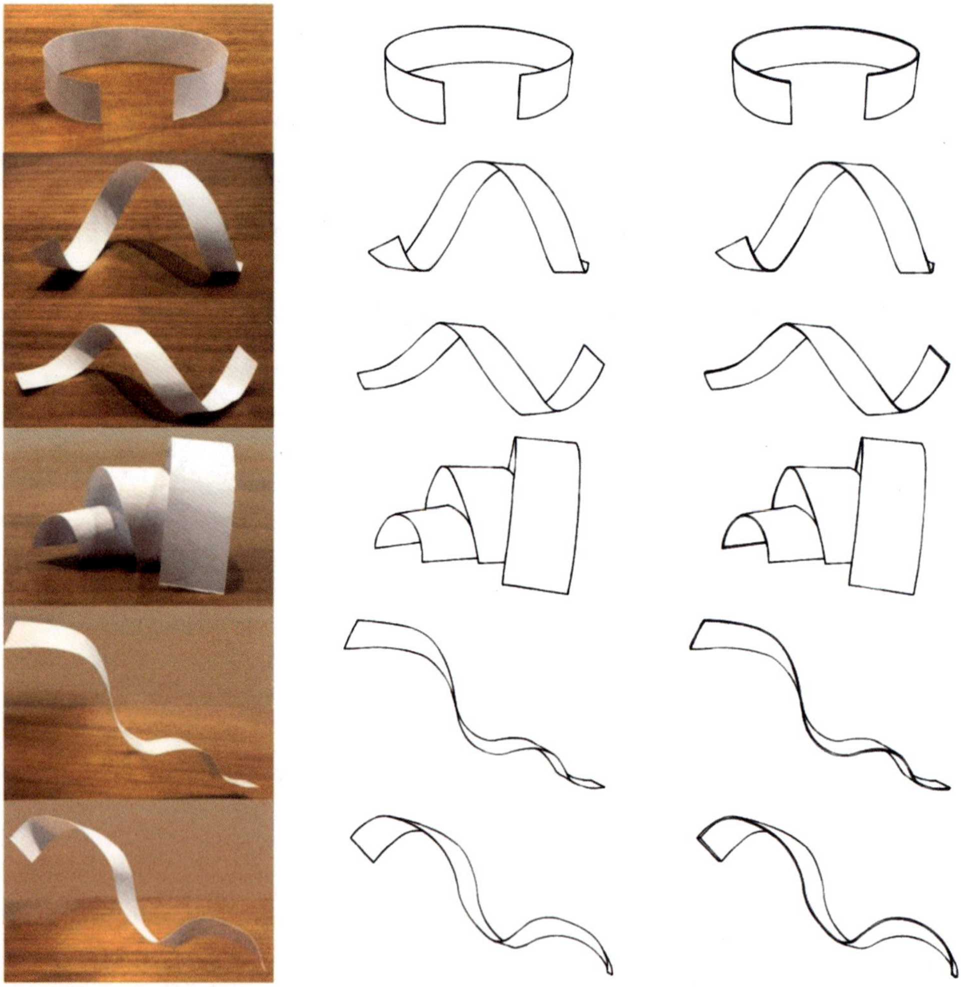

图 4-13 曲线练习

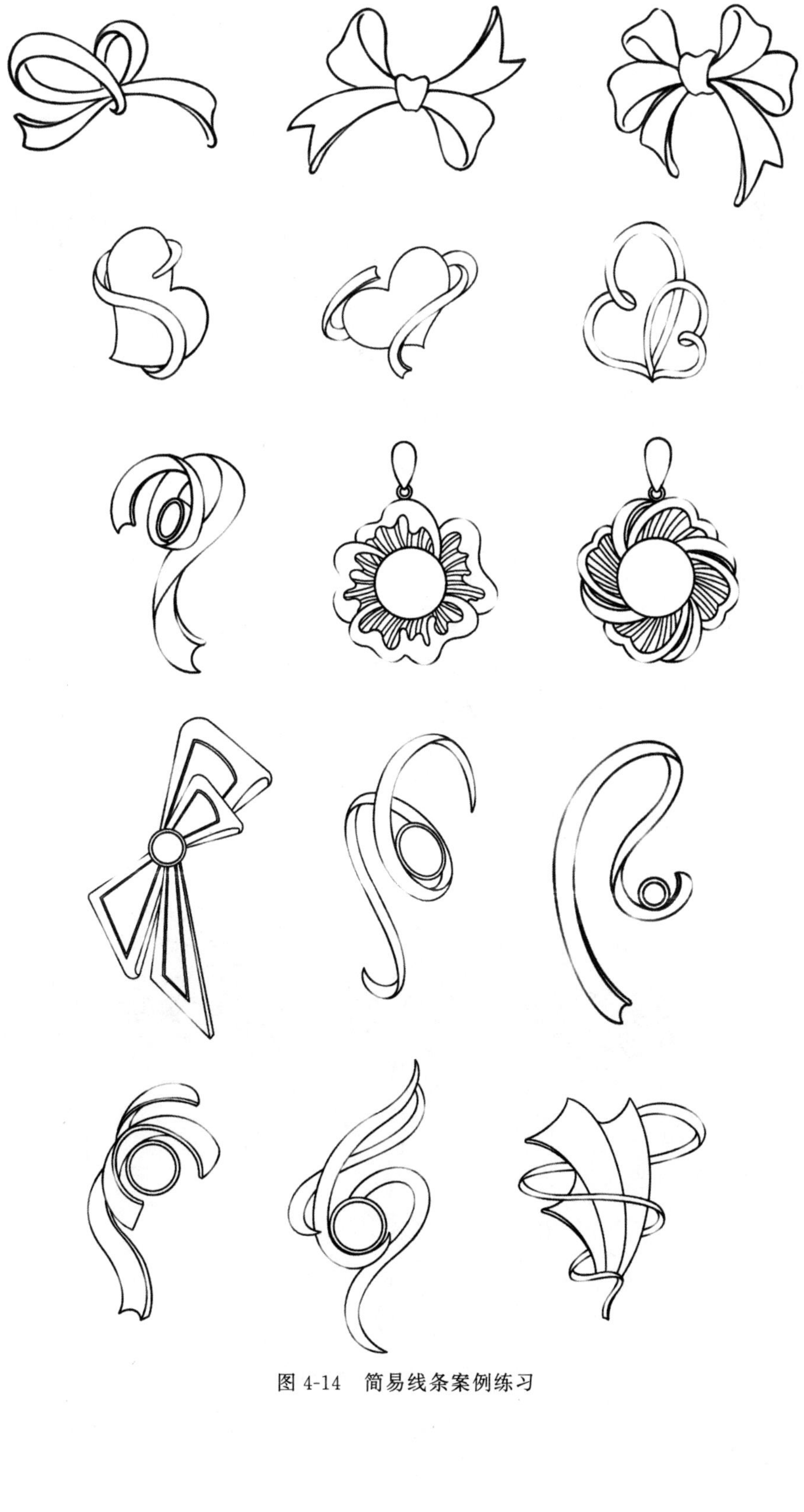

图 4-14 简易线条案例练习

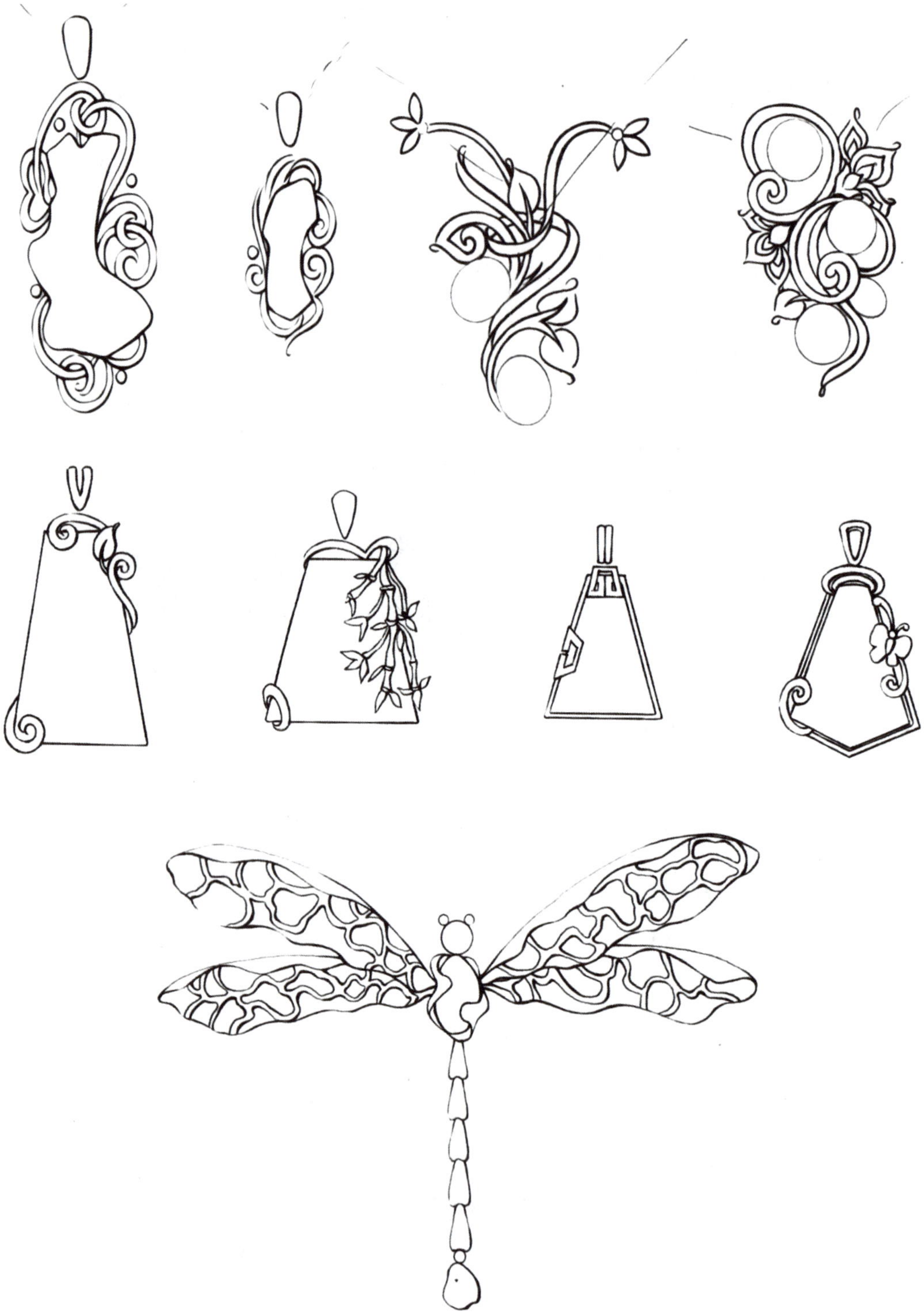

图 4-15 复杂线条案例练习

第5章 常见宝石的镶法

5.1 宝石镶嵌类型(图 5-1)

1. 爪镶

爪镶是用金属爪将宝石扣牢在托架(镶口)上的方法。爪镶又分单粒镶和群镶两种。单粒镶即只在托架上镶一粒较大宝石,以衬托和体现主石的光彩与价值。优点:金属不易遮挡宝石,能清晰地呈现宝石的美丽形态,在光线的反射下,宝石看起来更大、更璀璨。缺点:由于宝石暴露较多,在佩戴过程中,爪镶首饰非常容易受到剐蹭。

2. 钉镶

钉镶是利用宝石边上的小钉将宝石固定在位置上,多用于群镶中副石的镶嵌,其排列方式多种多样。常见的有线形排列、面形排列、规则排列、不规则排列。依据钉的多少又分为两钉镶、三钉镶、四钉镶与密钉镶。优点:在表面看不到任何固定宝石的金属或爪子,紧密排列的宝石其实是套在金属榫槽内的。由于没有金属的包围,宝石能透入及反射更充足的光线,凸显宝石的艳丽光芒。缺点:不适合单颗宝石镶嵌,一般 7 颗以上才会用到。

3. 逼镶(田字逼镶)

逼镶又叫夹镶或壁镶,它是在镶口侧边车出槽位,将宝石放进槽位中并打压牢固的一种镶嵌方法,高档首饰的副石镶嵌常用此法。逼镶是靠金属的牵引力固定宝石的腰部或者腰部与底尖的部分,将宝石夹持在金属槽中间的一种镶法。田字逼镶是逼镶一种,镶嵌完跟"田"字一样。轨道镶的镶嵌方式与逼镶相同,但主要是用于一系列小粒宝石的镶嵌。

4. 虎爪镶(长城镶)

此方法主要是在宝石的腰部或侧面设置一组爪状的金属结构,这些爪状结构紧密地包裹住宝石,确保宝石稳固地固定在托架之上。虎爪镶的设计灵感来源于自然界中的猛兽,其独特的造型使得宝石在佩戴时显得更为霸气和独特。

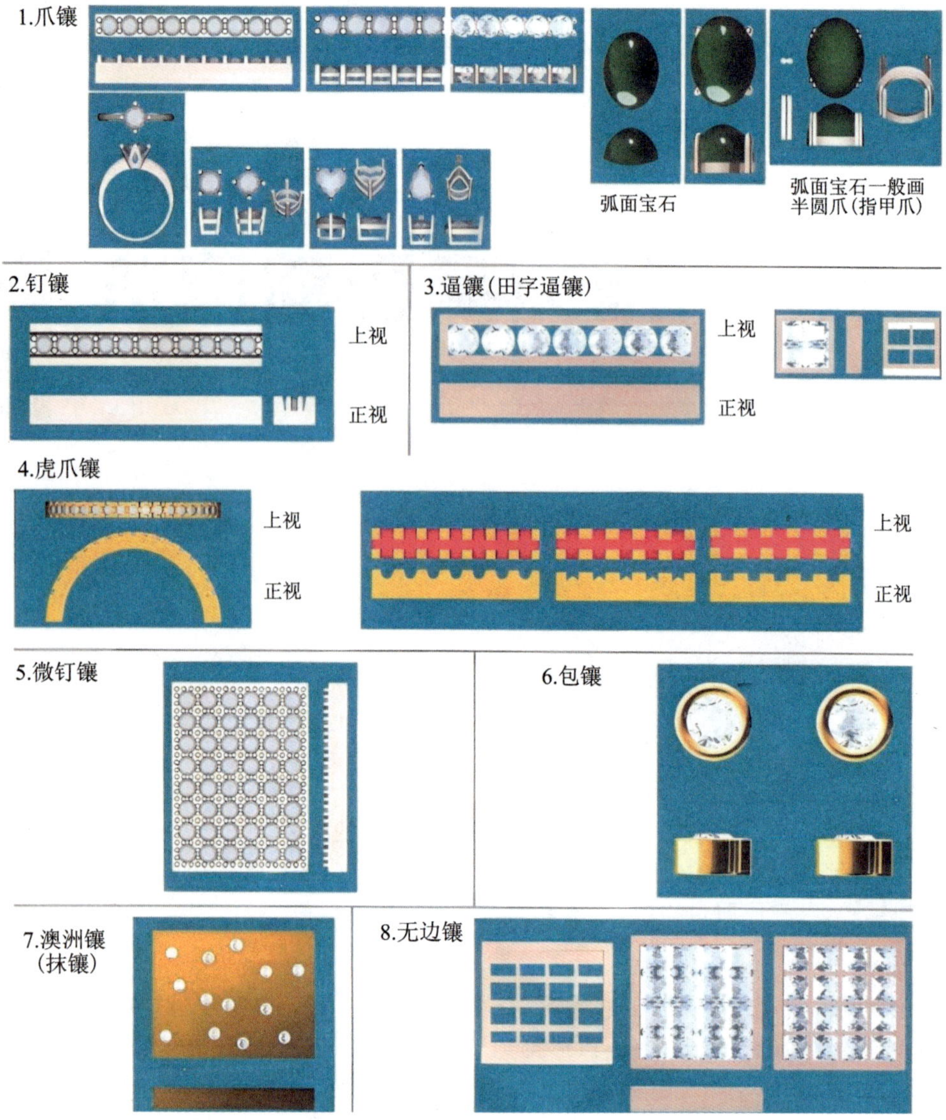

图 5-1　常见爪的种类

5. 微钉镶

微钉镶是指在显微镜下镶嵌宝石的方法。这种镶嵌方法需要用到专门的工具和独特的操作技巧。用这种方法镶嵌的宝石一般在 2 分以下,最大不超过 3 分。最小不低于 0.3 分。微镶能够增加首饰的美感,搭配主石的微镶能够在一定程度上更好地衬托主石。

6. 包镶

包镶是指通过推压立起的金属边将宝石的腰围包裹起来的镶嵌方法,多用于一些较大的宝石。优点:展示宝石美丽的同时,又光彩内敛,有平和端庄的气质,是最牢固、对宝石保护性最强的一种镶嵌方式。缺点:用这种镶嵌方法的宝石不显大。

7. 澳洲镶(抹镶)

抹镶是指使用钢针将镶石边缘的金属沿圆周方向擀压覆于宝石腰围之上以固定住宝石的方法。抹镶所镶嵌的宝石一般也在2～5分之间,通常不会大于10分。优点:由于这种镶嵌没有爪,因此饰件看起来平滑、干净,它适用于男戒的镶嵌。缺点:宝石透光性相对比较弱,镶嵌时也易造成宝石的损坏。

8. 无边镶

无边镶是指把多粒镶石紧密相接并且其间没有金属出露的镶嵌方法。宝石的正面看不到任何金属爪、支架或者底座。优点:由于没有金属的包围,宝石能透入及反射更充足的光线,凸显首饰的艳丽光芒。缺点:由于宝石与宝石的结合处没有金属固定,只是依靠相互之间的挤压力固定,所以若一颗宝石松动,则其他也会随之松动脱落。

5.2 绘制宝石镶口(图 5-2)

了解宝石镶口,并且能够举一反三运用到设计中。绘制宝石镶口是珠宝设计中的重要环节,它决定了宝石如何被固定和展示在首饰上。

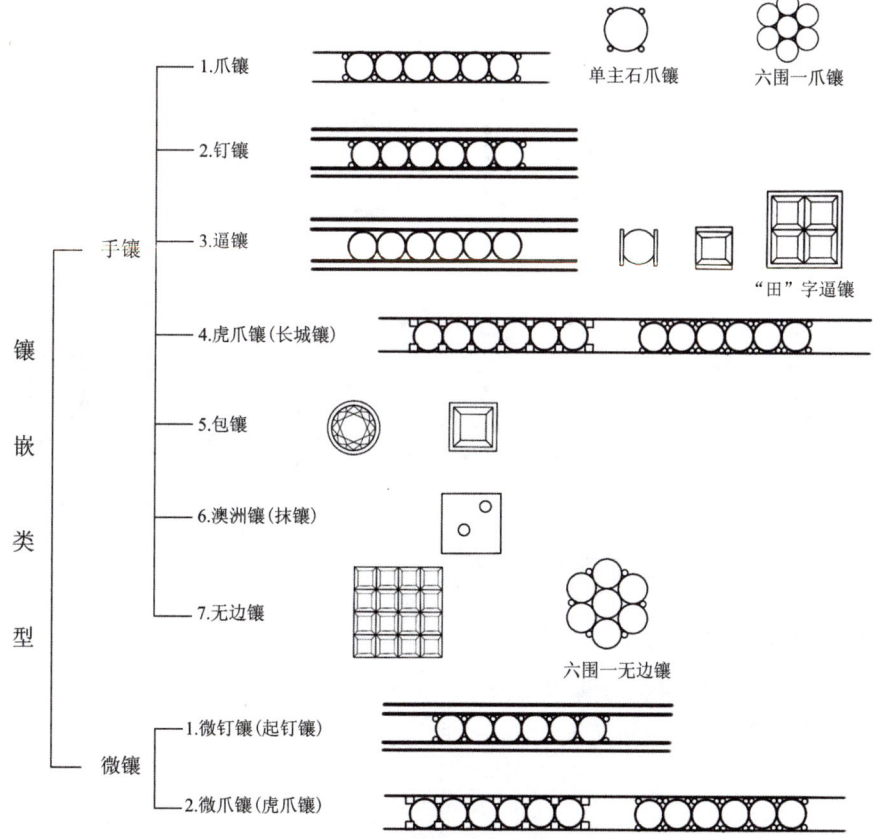

图 5-2　镶嵌类型的绘制方法

在绘制宝石镶口时,首先,要准确绘制宝石的形状和尺寸。其次,要考虑到宝石的镶嵌方式和固定方式,以确保宝石能够牢固地固定在镶口中。此外,还需要考虑到宝石的光泽和反射效果,以确保镶口能够最大限度地展现出宝石的美丽和光彩。

5.3 镶口案例练习

5.3.1 单粒石镶口案例练习

爪镶和包镶的3D建模图如图5-3、图5-5所示,手绘效果图如图5-4、图5-7所示。

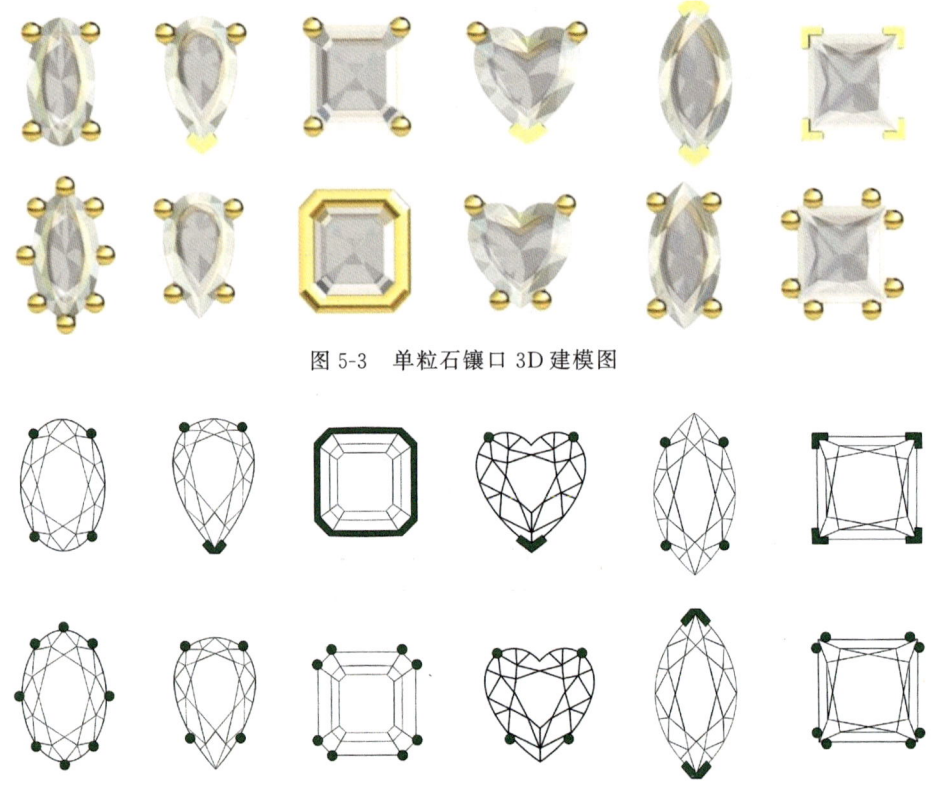

图5-3 单粒石镶口3D建模图

图5-4 单粒石镶口手绘图

5.3.2 多粒石镶口案例练习

1. 戒指不同的镶石方法

戒指不同的镶石方法的3D建模图如图5-5所示。
戒指不同的镶石方法的线稿图如图5-6所示。

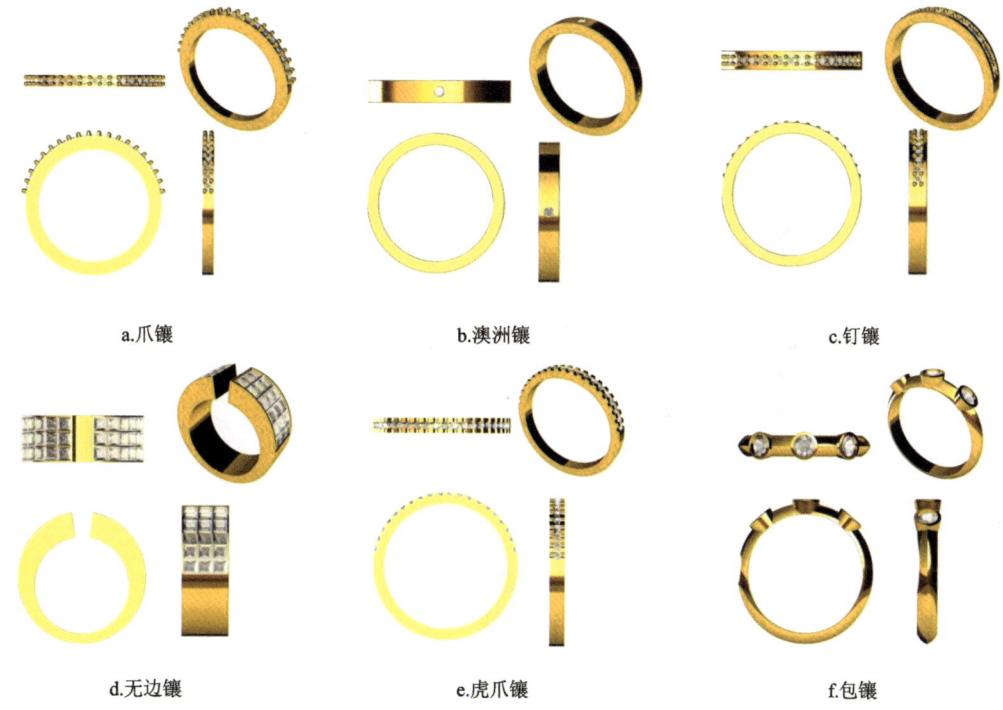

a.爪镶　　　　　　　　b.澳洲镶　　　　　　　　c.钉镶

d.无边镶　　　　　　　e.虎爪镶　　　　　　　　f.包镶

图 5-5　戒指不同的镶石方法的 3D 建模图

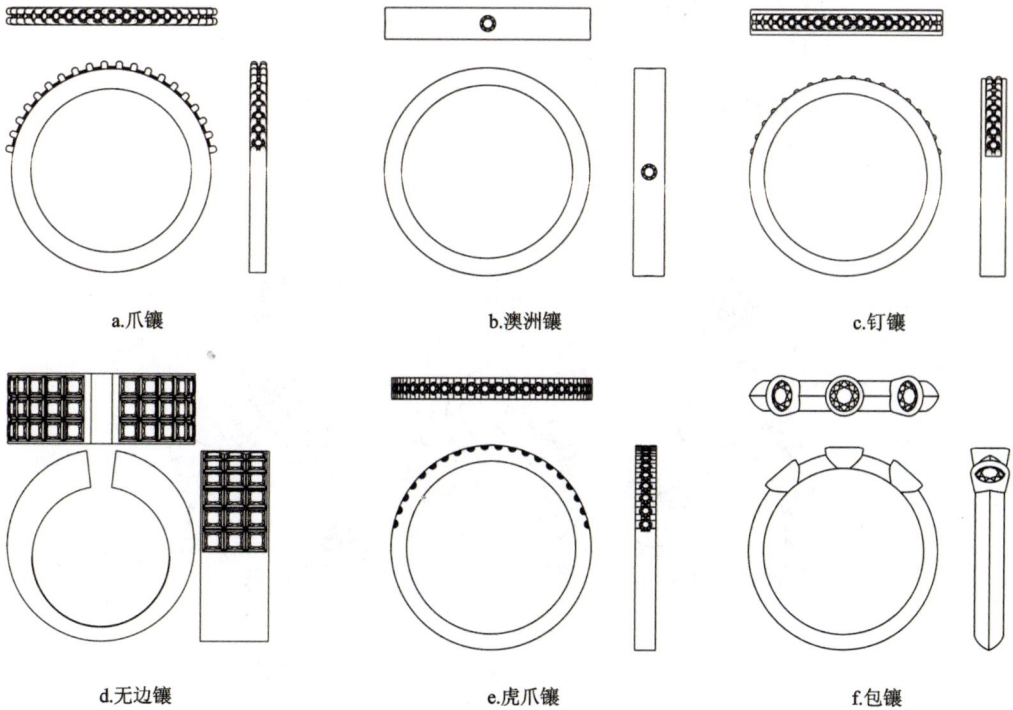

a.爪镶　　　　　　　　b.澳洲镶　　　　　　　　c.钉镶

d.无边镶　　　　　　　e.虎爪镶　　　　　　　　f.包镶

图 5-6　戒指不同的镶石方法的线稿图

2. 吊坠不同的镶石方法（图 5-7）

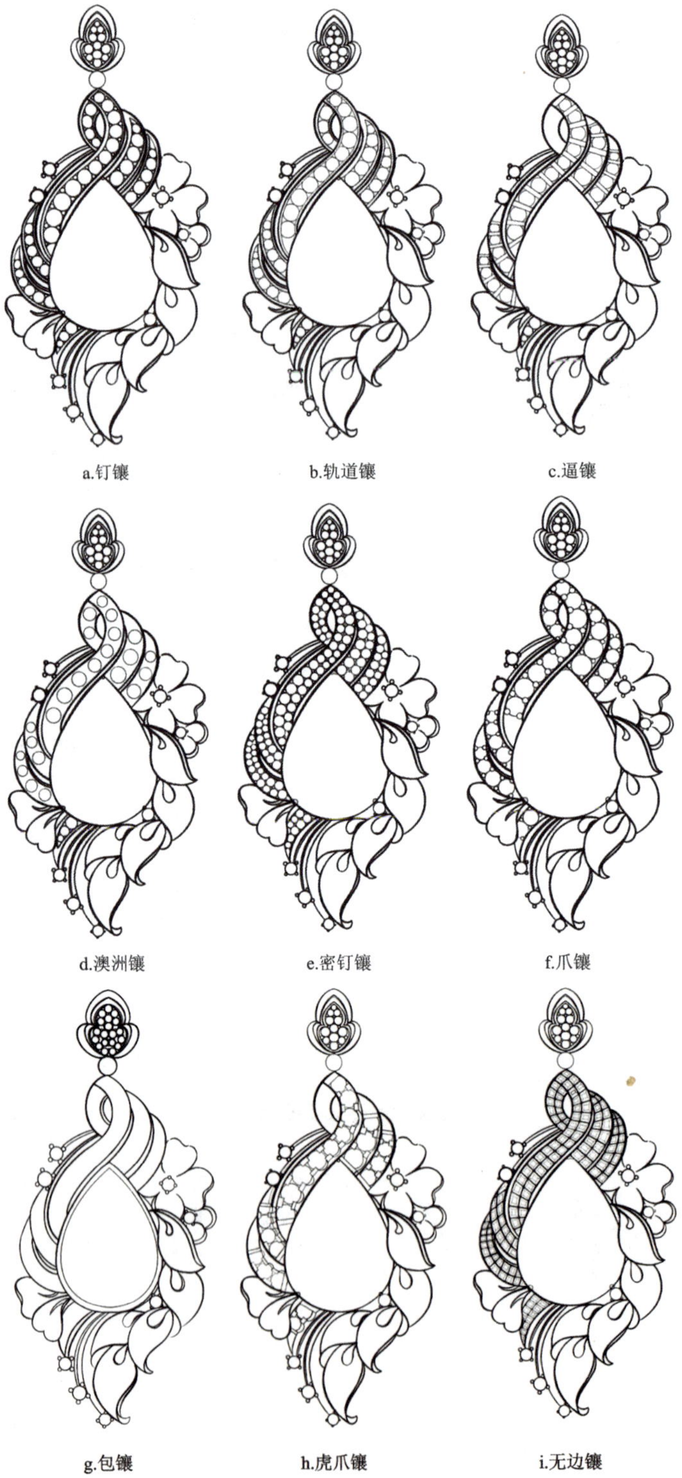

a.钉镶　　　　b.轨道镶　　　　c.逼镶

d.澳洲镶　　　e.密钉镶　　　　f.爪镶

g.包镶　　　　h.虎爪镶　　　　i.无边镶

图 5-7　吊坠不同的镶石方法的线稿图

第6章
金属及宝石的上色

6.1 上色基本技法

6.1.1 彩铅上色基本技法

彩铅是一种常用的绘画工具,特别在珠宝和宝石设计中,彩铅的绘制效果偏厚重一些。

彩铅勾线技巧:不要留下轮廓线,轮廓线太深会显得很死板。轮廓线宜淡不宜深,上色的时候可以用可塑橡皮将线条轻轻擦去,仅留下淡淡的隐约痕迹(图6-1)。

图6-1 勾线技巧示范

平涂法:这是最简单也是最常用的上色方法。使用彩铅的侧面或尖端,均匀地涂抹颜色在所需区域。对于金属部分,可以选择冷色调如灰色、银色或金色来体现金属的质感;对于宝石,则可以根据宝石的类型和色彩选择相应的颜色(图6-2)。

图6-2 上色过程图

渐变法：通过不同的力道或者不同深浅的彩铅颜色叠加，可以形成自然的渐变效果。这在表现宝石的光泽和金属的光泽时特别有用。下笔的力道控制得越好，得到的颜色层次越丰富（图6-3）。

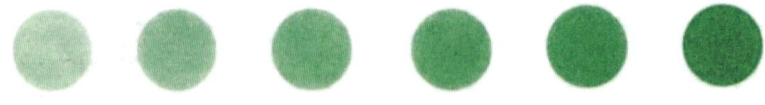

图6-3　上色渐变图

叠色法：使用彩铅的先后与深浅。上色力度和顺序不同都会导致叠色效果不同；颜色的过渡要自然，不要出现色块分层；用纸巾或棉签揉擦过后底色更均匀（图6-4）。

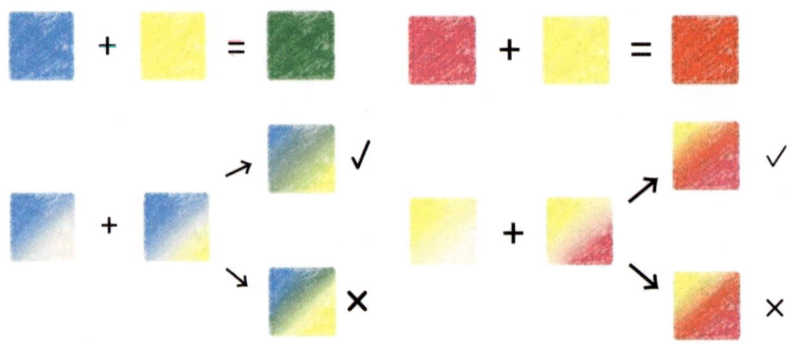

图6-4　叠色的技巧

6.1.2　水彩上色基本技法

水彩上色可以为设计图带来清透、水润的宝石效果。以下是一些基本的水彩上色技法。

平涂：单色平涂比较简单，在颜料盘里调好需要的颜色，保证笔上有足够的水分，一笔接一笔的涂满要画的区域，水分不同，画出来的效果也不一样（图6-5）。

图6-5　平涂

混色：先涂上一种颜色，趁颜料未干，马上晕染第2层颜色，然后到第3层颜色，要注意时间的把控。使用不同颜色的水彩，通过控制水和颜料的混合程度，可以绘制出自然的渐变效果。这对于表现宝石的光泽和金属的光泽非常有用（图6-6）。

图6-6　混色

纸巾擦拭:颜料未干的情况下用纸巾按压,注意不要挪动纸巾,按下去后垂直拿起来即可。可以用来处理需要减淡的颜色,或者更改错误的颜色,再次覆盖描绘(图6-7)。

图6-7　纸巾擦拭

6.1.3　马克笔绘画技巧

平涂:平涂是各种绘画中的基本技法。平涂有两种:一是勾线平涂,二是无线平涂。勾线平涂是平涂与线结合的一种方法,用线进行勾勒、组织形象,再用平涂进行铺色,这是勾线平涂最常用的方法。无线平涂需要一定的绘画功底,建议有一定基础后再尝试。刚开始用马克笔的时候,尽量平涂要不然笔触会很明显(图6-8)。

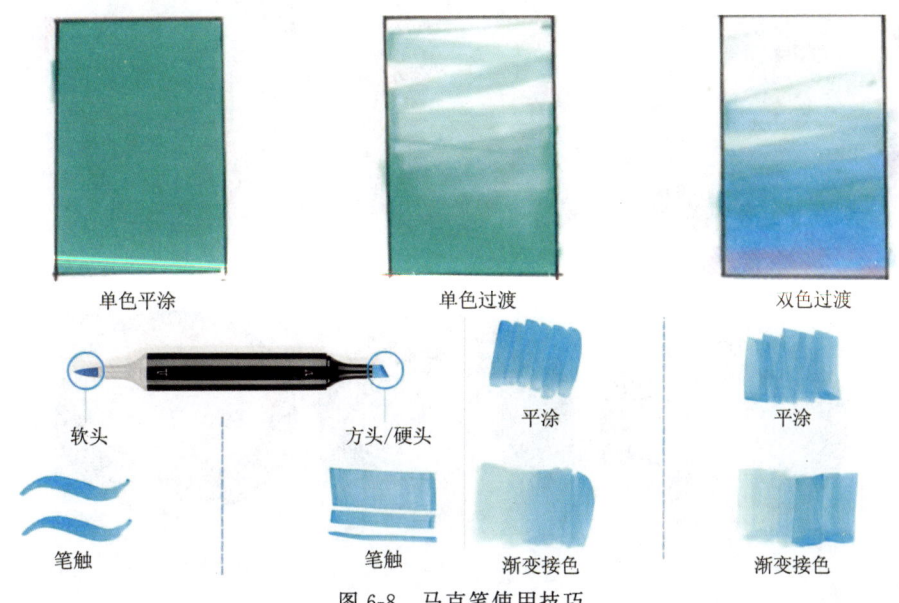

图6-8　马克笔使用技巧

马克笔金属圆柱的绘制过程如下(图6-9)。
(1)先用自动铅笔起形(光源来自左上角45°)(图6-9a)。
(2)找出亮面以及高光位置,亮面可以大胆留白,涂上金属固有色黄色(图6-9b)。
(3)找出明暗交界线(用黄色系列最深的笔进行绘制)(图6-9c)。
(4)用中间色号的笔从明暗交界线往两边延伸(图6-9d)。
(5)用比上一步骤浅一色号的笔继续进行延伸,注意面积不要太大(图6-9e)。

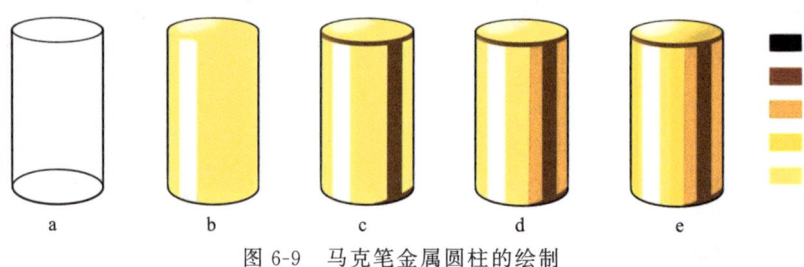

图 6-9　马克笔金属圆柱的绘制

6.2　不同金属的上色技巧

使用 Jewel CAD 展示平面金属、弯曲金属、浑圆面金属的戒指区别——立体侧视图（图 6-10）。

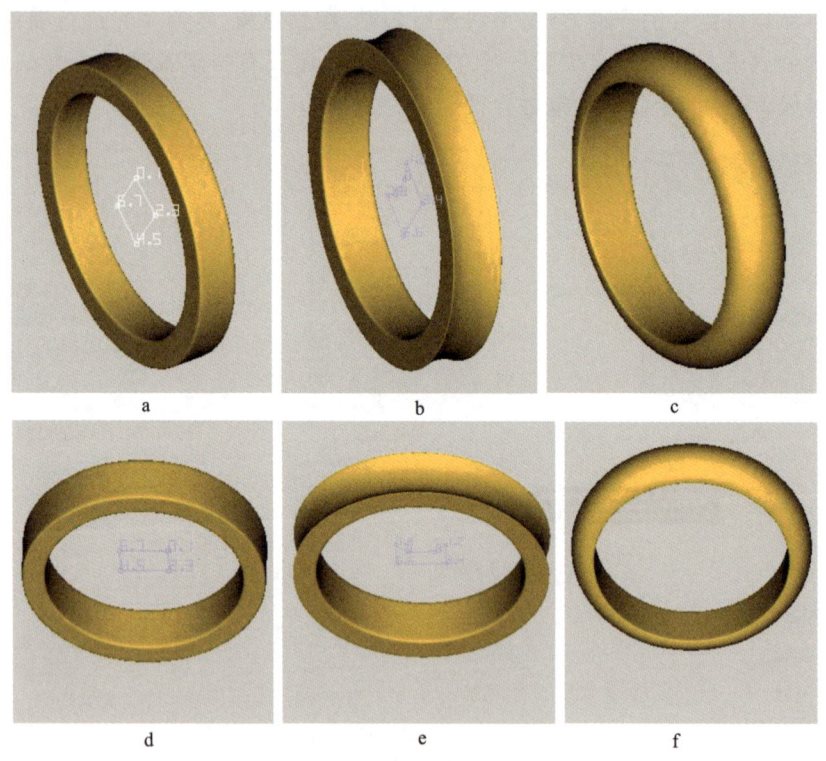

图 6-10　不同金属的上色效果

根据平面金属戒圈、弯曲金属戒圈、浑圆面金属戒圈的切面不一样，看到的导轨曲面截面也不一样。

平面、浑圆（凸面）和弯曲（凹面）金属的绘制效果见图 6-11。

不同金属的肌理效果见图 6-12。

a.平面效果　　　　　b.浑圆(凸面)效果　　　　c.弯面(凹面)效果

图 6-11　不同金属的绘制效果

a.光面效果　　　　　b.拉丝效果　　　　　　c.喷砂效果

图 6-12　不同金属的肌理效果

柳叶造型金属 18K 黄金上色过程见图 6-13。

(1)先在白纸上画出简单的叶子造型,使用针管笔勾线,然后用土黄色彩铅画出阴影效果(图 6-13a)。

(2)再用中黄色彩铅给阴影效果慢慢着色(图 6-13b)。

(3)最后用柠檬黄彩铅晕色中间留出白色部分作为高光面(图 6-13c)。

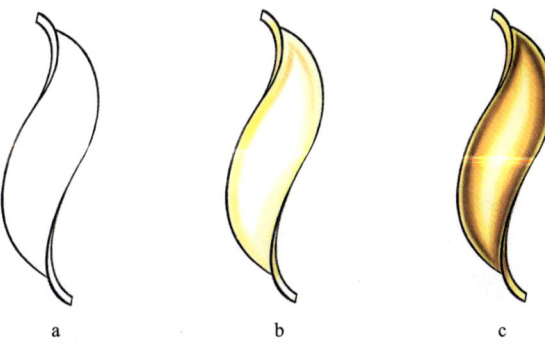

a　　　　　　　b　　　　　　　c

图 6-13　柳叶造型金属 18K 黄金上色过程

2. 平面铂金蝴蝶结的绘制过程

(1)画出正稿:使用 2B 铅笔画出蝴蝶结的长宽,定好十字线的位置,勾勒蝴蝶结大致轮廓,然后使用圆珠笔画出金属的形状,确定正稿(图 6-14a)。

(2)整体铺色:确定平面蝴蝶结金属选择铂金材质,铺设底色黄色(图 6-14b)。

(3)加深暗部:根据光源绘制金属的暗面,增加首饰层次感(图 6-14c)。

(4)刻画高光:用高画笔刻画平面金属的高光,使其更有立体感(图 6-14d)。

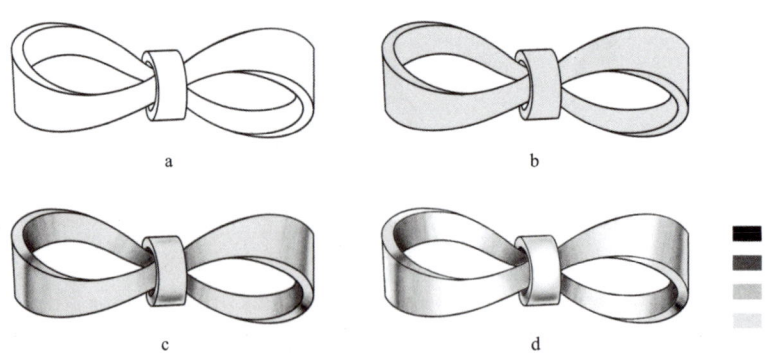

图 6-14 铂金蝴蝶结的绘制

6.3 宝石的画法(上色)

6.3.1 蛋(素)面宝石的上色

特殊情况:遇到具有特殊纹理的宝石可以添加一些纹理或线条来增强宝石的真实感,同时确保整体画面的和谐与统一,不透明素(蛋)面宝石的绘画过程与透明宝石类似,但需要注意高光和反光的表现方式可能略有不同。

1. 海蓝宝石上色过程(图 6-15)

(1)确定形状:使用宝石模板圆珠笔画出椭圆形外轮廓,确保轮廓线流畅(图 6-15a)。

(2)铺好底色:使用浅蓝色为宝石的底面铺上一层底色(图 6-15b)。

(3)加深暗部:在左上角高光周围,使用较深的蓝色调进行绘制,注意暗部和高光的对比,使宝石看起来更加通透(图 6-15c)。

(4)描绘高光:在宝石的表面绘制出高光部分。高光的位置应根据光源方向(通常是左上方 45°)来确定,在宝石表面绘制高光,高光是最亮的部分。使用白色或者高光笔来描绘高光,使其与周围的暗部形成对比,以增强宝石的光泽感。使用稍暗的颜色绘制出反光区域,增加宝石的立体感(图 6-15d)。

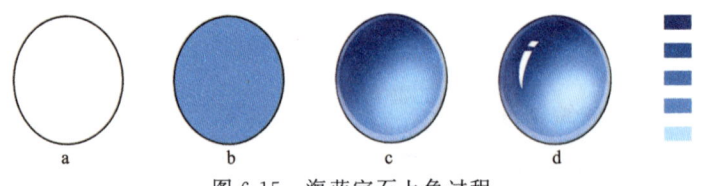

图 6-15 海蓝宝石上色过程

2. 翡翠上色过程(图 6-16)

(1)确定形状:使用宝石模板圆珠笔画出水滴形外轮廓,确保轮廓线流畅(图 6-16a)。

(2)铺好底色:使用浅绿色为宝石的底面铺上一层底色(图 6-16b)。

(3)加深暗部:在左上角高光周围,使用较绿的蓝色调进行绘制,注意暗部和高光的对比,使宝石看起来更加通透(图 6-16c)。

(4)描绘高光:在宝石的表面绘制出高光部分。高光的位置应根据光源方向(通常是左上方 45°)来确定,在宝石表面绘制高光,高光是最亮的部分。使用白色或者高光笔来描绘高光,使其与周围的暗部形成对比,以增强宝石的光泽感。使用稍暗的颜色绘制出反光区域,增加宝石的立体感(图 6-16d)。

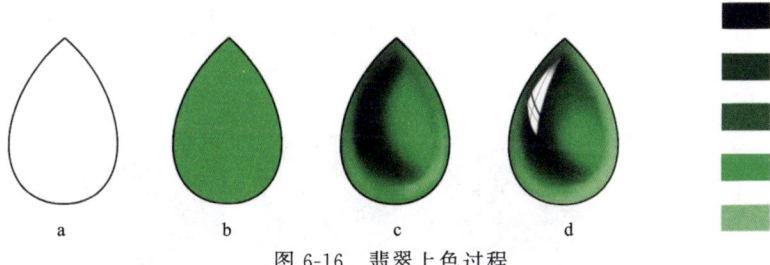

图 6-16　翡翠上色过程

3. 透明宝石的课后练习

常见透明宝石上色过程如图 6-17～图 6-22 所示。

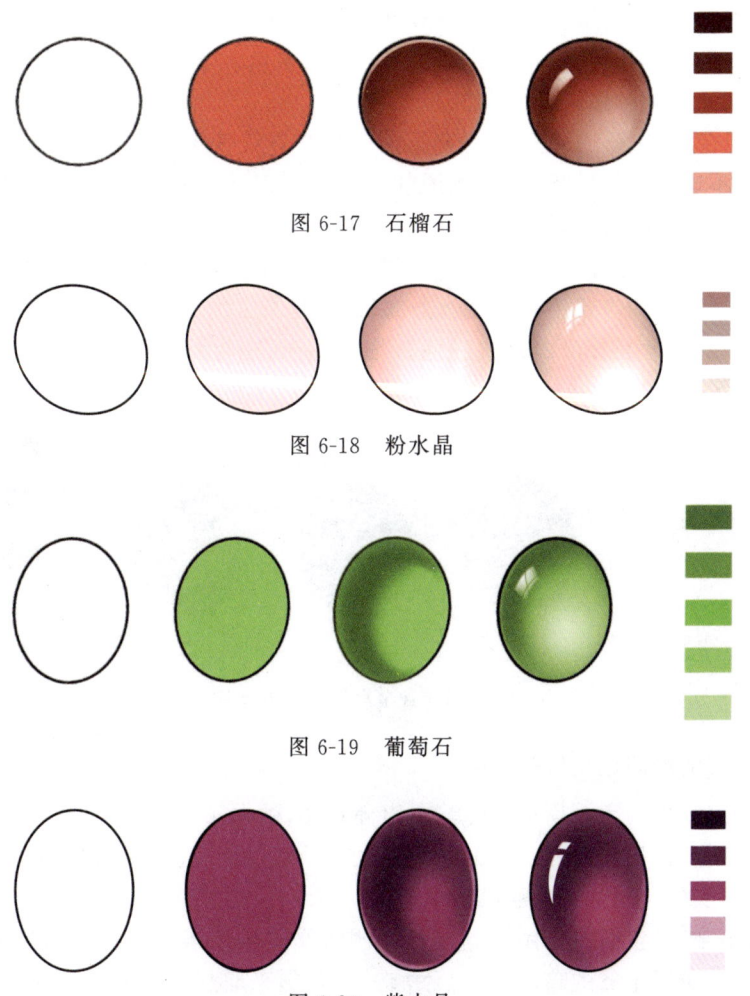

图 6-17　石榴石

图 6-18　粉水晶

图 6-19　葡萄石

图 6-20　紫水晶

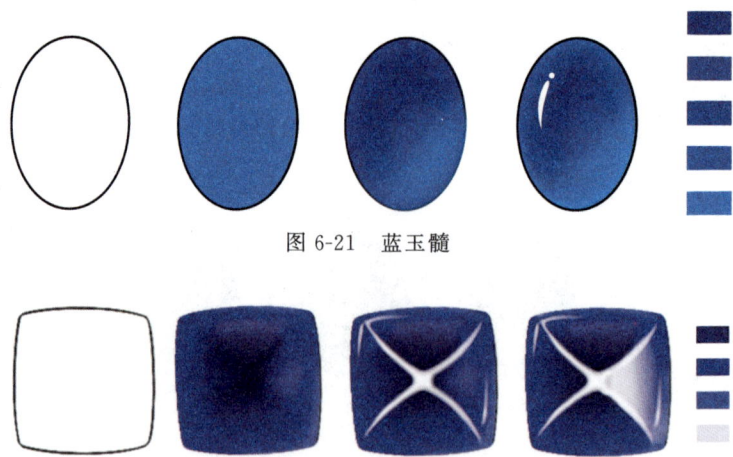

图 6-21　蓝玉髓

图 6-22　糖塔蓝宝石

4. 含金星(黄铁矿)青金石的绘制过程(图 6-23)

(1)确定形状:使用宝石模板圆珠笔画出椭圆形,确保轮廓线流畅(图 6-23a)。

(2)铺好底色:使用蓝色为宝石的底面铺上一层底色。底色应根据宝石的实际颜色来选择,以呈现出真实的色彩效果(图 6-23b)。

(3)加深暗部:在宝石右下角找到宝石的明暗交界线使用深蓝色进行绘制,以增强宝石的立体感。在不透明宝石的暗部,可以添加一些阴影来增加立体感。注意阴影的分布和深浅,使宝石看起来更加立体和饱满(图 6-23c)。

(4)描绘高光和纹理:画出青金石表面黄铁矿,使用点状进行绘制,然后在宝石的表面绘制出高光部分。高光的位置应根据光源方向(通常是左上方45°)来确定,在宝石表面绘制高光,高光是最亮的部分。使用白色或浅色来描绘高光,在宝石的侧面和底部,使用稍暗的颜色绘制出反光区域(图 6-23d)。

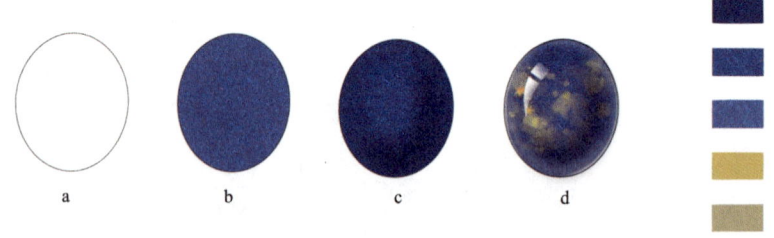

a　　　b　　　c　　　d

图 6-23　含金星青金石的绘制

5. 保山南红的绘制过程(图 6-24)

(1)确定形状:使用宝石模板圆珠笔画出椭圆形,确保轮廓线流畅(图 6-24a)。

(2)铺好底色:使用红色为宝石的底面铺上一层底色。底色应根据宝石的实际颜色来选择,以呈现出真实的色彩效果(图 6-24b)。

(3)加深暗部:在宝石右下角找到宝石的明暗交界线使用深红色进行绘制,以增强宝石的立体感。在不透明宝石的暗部,可以添加一些阴影来增加立体感。注意阴影的分布和深浅,使宝石看起来更加立体和饱满(图 6-24c)。

(4)描绘高光:在宝石的表面绘制出高光部分。高光的位置应根据光源方向(通常是左上方 45°)来确定,在宝石表面绘制高光,高光是最亮的部分。使用白色或浅色来描绘高光,在宝石的侧面和底部,使用稍暗的颜色绘制出反光区域(图 6-24d)。

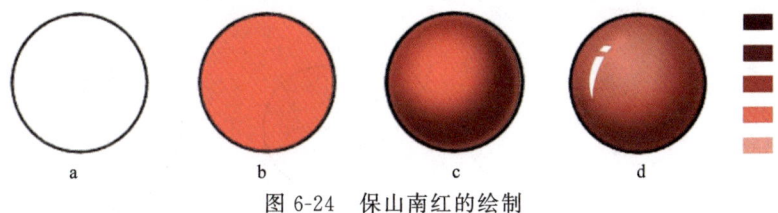

图 6-24　保山南红的绘制

6. 不透明宝石的课后练习

不透明宝石的上色过程如图 6-25~图 6-27 所示。

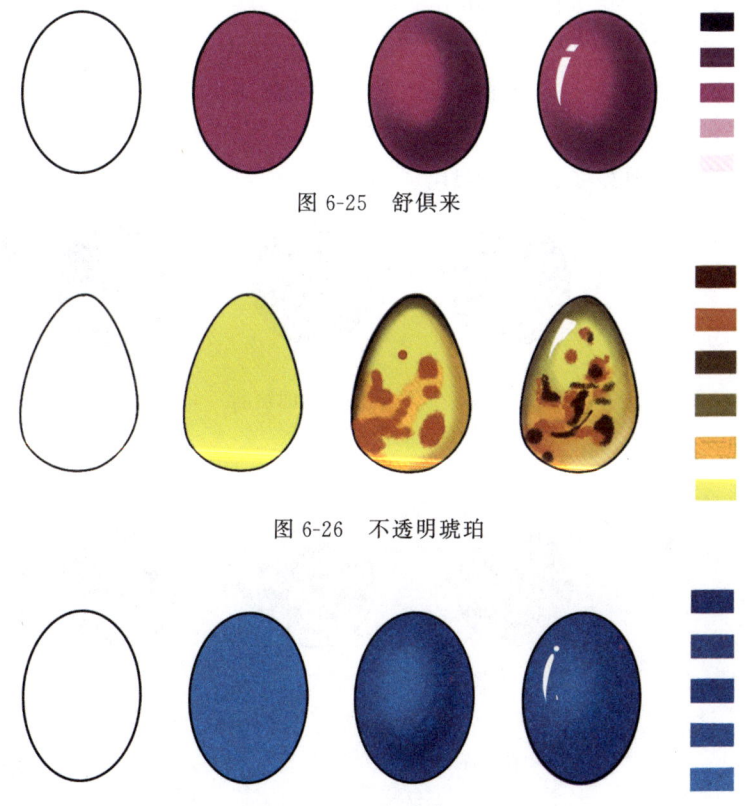

图 6-25　舒俱来

图 6-26　不透明琥珀

图 6-27　无杂质青金石

6.3.2　珍珠宝石的上色

1. 灰色珍珠的绘制过程

(1)用圆珠笔勾画出正圆(图 6-28a)。

(2)然后用水彩铺设浅灰色底色(图6-28b)。

(3)接着用灰色彩铅或者水彩加深明暗交界线过渡,类似球体的画法,画出阴影效果(图6-28c)。

(4)高光用白色颜料加白色彩铅进行绘制,体现珍珠光泽,高光不能太亮。经过不断修改,简单的灰色珍珠就画好了(图6-28d)。

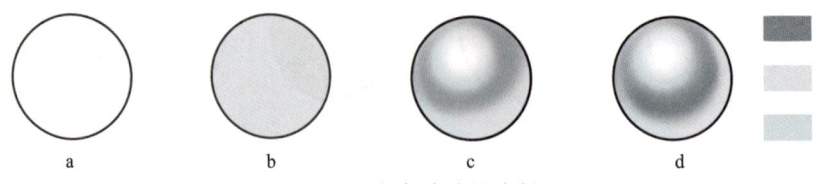

图6-28　灰色珍珠的绘制

2. 墨绿色珍珠的绘制过程(图6-29)

(1)用圆珠笔勾画出正圆(图6-29a)。

(2)然后用水彩铺设墨绿色底色,多加水(图6-29b)。

(3)接着用灰色彩铅或者水彩加深明暗交界线过渡,画出阴影效果(图6-29c)。

(4)高光用白色颜料加白色彩铅进行绘制,体现珍珠光泽,高光不能太亮。经过不断修改,简单的灰色珍珠就画好了(图6-29d)。

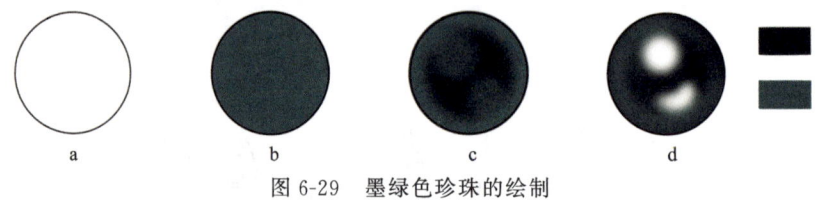

图6-29　墨绿色珍珠的绘制

3. 珍珠上色的课后练习(图6-30、图6-31)

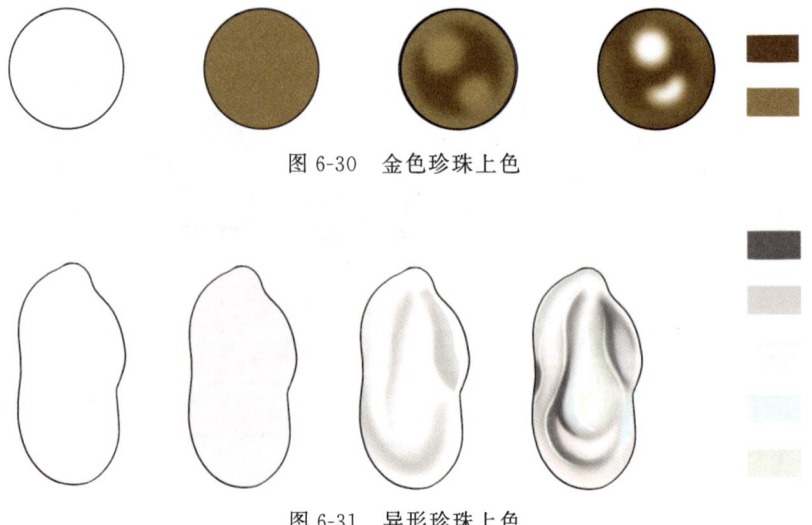

图6-30　金色珍珠上色

图6-31　异形珍珠上色

6.3.3 刻面宝石的上色

1. 简单圆形蓝宝石的绘制过程

(1)绘制宝石琢型:依据第3章宝石的琢型,细致地画出每一个刻面的边界。开始时可使用较轻的笔触,便于后续修正(图6-32a)。

(2)绘制部分刻面底色:使用蓝色为宝石的底面铺上一层底色。底色应根据宝石的实际颜色来选择,以呈现出真实的色彩效果(图6-32b)。

(3)细画刻面:理解光源方向,开始在宝石的非光照面添加阴影。这一步骤对营造立体感至关重要,需细心区分深浅不一的灰度,模拟光线如何在刻面上流动和折射。台面的绘制从左上角到右下角由深到浅(图6-32c)。

(4)高光与反射:在适当的位置添加细微的光泽线条或点,模仿宝石表面的闪烁效果。同时,不要忘记周围环境在宝石表面的微弱反射(图6-32d)。

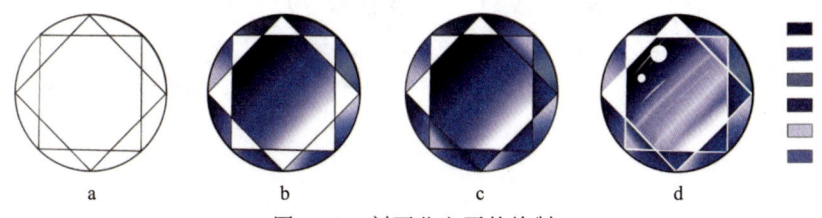

图6-32 刻面蓝宝石的绘制

2. 肥三角粉色尖晶石的绘制过程

(1)绘制宝石琢型:依据第3章宝石的琢型,细致地画出每一个刻面的边界。开始时可使用较轻的笔触,便于后续修正(图6-33a)。

(2)绘制部分刻面底色:使用粉色为宝石的底面铺上一层底色。底色应根据宝石的实际颜色来选择,以呈现出真实的色彩效果(图6-33b)。

(3)细画刻面:理解光源方向,开始在宝石的非光照面添加阴影。这一步骤对营造立体感至关重要,需细心区分深浅不一的灰度,模拟光线如何在刻面上流动和折射。台面的绘制从左上角到右下角由深到浅(图6-33c)。

(4)高光与反射:在适当的位置添加细微的光泽线条或点,模仿宝石表面的闪烁效果。同时,不要忘记周围环境在宝石表面的微弱反射(图6-33d)。

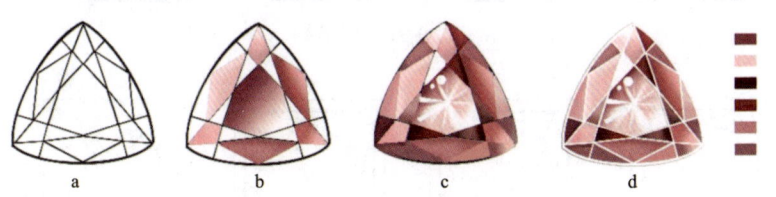

图6-33 肥三角粉色尖晶石的绘制

3. 刻面宝石上色的课后练习

刻面宝石的绘制如图6-34～图6-42所示。

图 6-34 橄榄石

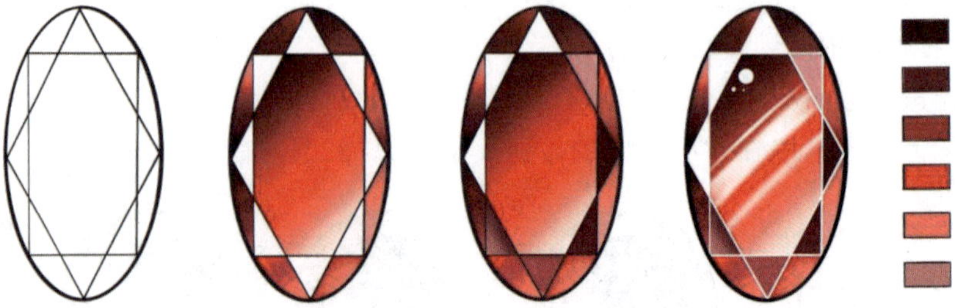

图 6-35 红宝石

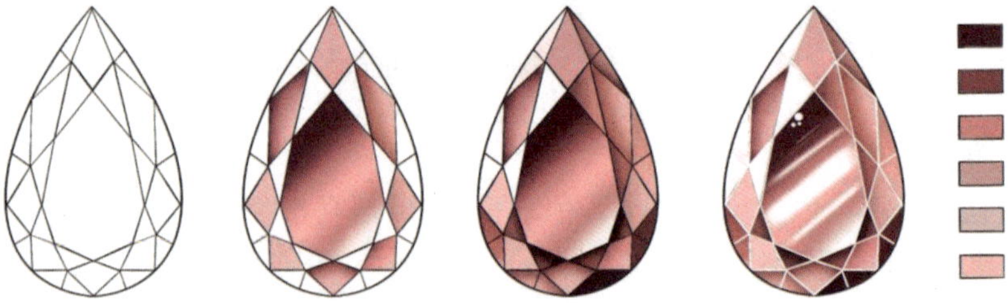

图 6-36 粉色摩根石

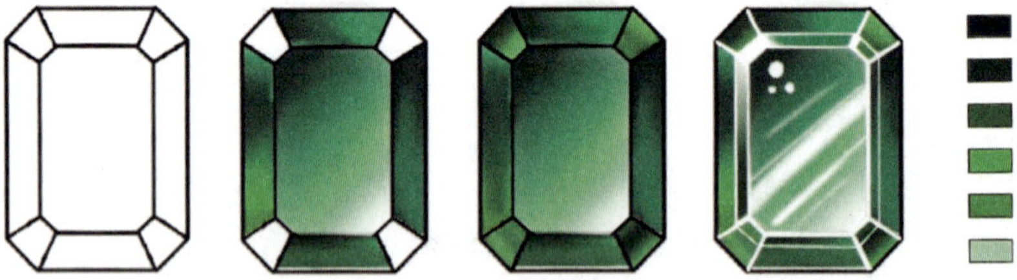

图 6-37 祖母绿

图 6-38 黄钻石

图 6-39 沙弗莱石

图 6-40 黄水晶

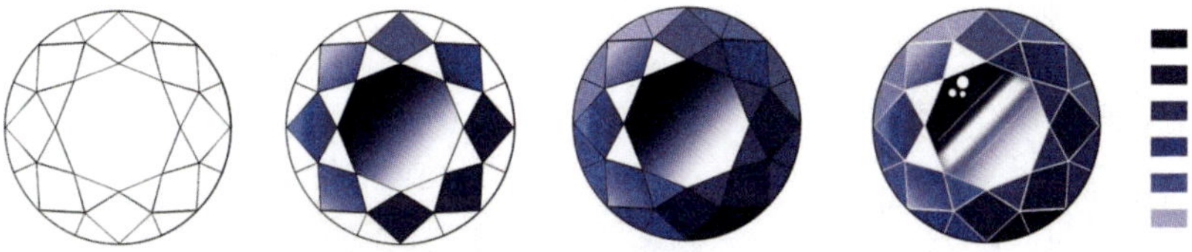

图 6-41 坦桑石

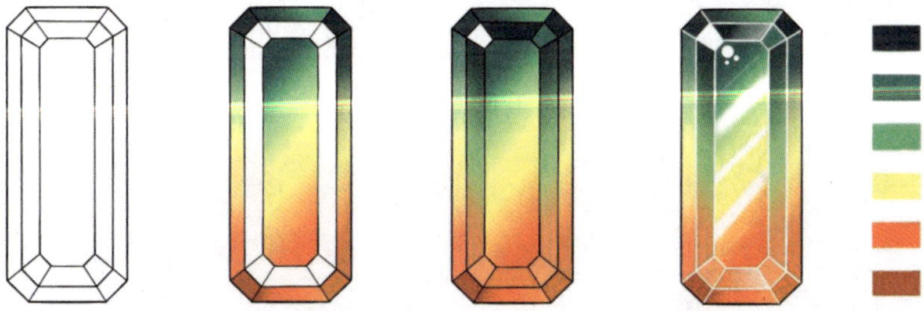

图 6-42 碧玺

6.4 上色实践线稿

学完宝石和金属的上色，选择图线稿进行上色，可以自由采用不同的镶嵌方式、金属和宝石等（图 6-43、图 6-44）。

一个上色实践线稿的示例，结合了不同的镶嵌方式、金属和宝石。请注意，这里提供的是一个大致的指导，可以根据自己的喜好和创意进行自由发挥。

（1）选择镶嵌方式和宝石：选择一个复杂且有趣的镶嵌方式，如群镶等。选择几种不同颜色和形状的宝石，如蓝宝石、红宝石和祖母绿，以增加视觉上的多样性。

（2）绘制金属部分：使用深色（如深灰色或蓝黑色）的彩铅或马克笔绘制金属的基本形状和轮廓。添加金属的光泽和纹理，使用白色或亮色在金属表面绘制高光和反光区域。

（3）绘制宝石部分：根据宝石的形状和颜色，使用相应的彩铅或马克笔进行填充。

对于透明宝石，使用渐变和层次来模拟光线的穿透和折射效果。对于不透明宝石，注重色彩饱和度和质感的表达，可以添加一些纹理或光泽来增强真实感。

（4）添加细节和阴影：在金属和宝石的交界处添加阴影，以增强镶嵌的立体感。在金属表面绘制一些细微的划痕或纹理，以增加金属的质感。对宝石进行高光和反光处理，使其更加闪耀。

（5）最后调整：仔细检查整个画面，确保色彩和谐、光影分布合理。对不满意的部分进行修正或完善，直到达到满意的效果。

图 6-43　花落人间宝石吊坠

第 6 章　金属及宝石的上色

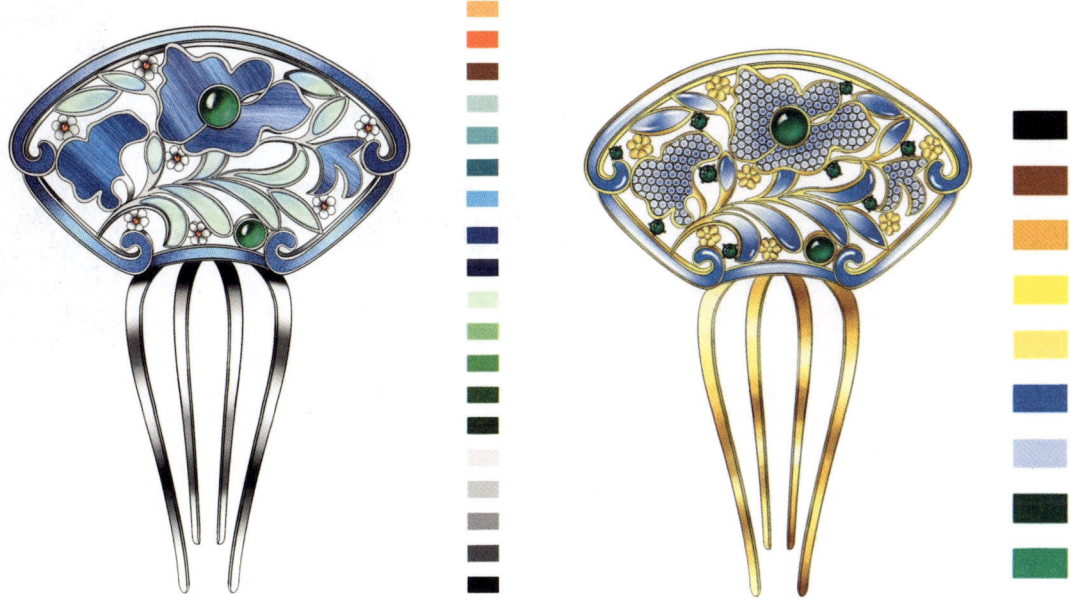

图 6-44　翡翠复古发饰

57

第7章 戒指的画法

7.1 绘制戒指使用的工具

1. 三角板模板

三角板有 45°等腰三角板和 30°、60°直角三角板两种(图 7-1),一般选择小巧的三角板即可。在珠宝首饰绘图中,有时需要绘制直角坐标轴,用三角板就能完成;两块三角板配合可以画出任意一个图形的平行线;在没有量角器的情况下,两块三角板拼凑可画出 75°、105°、120°、135°和 180°的角。

图 7-1 三角板模板

2. 椭圆模板和圆模板

椭圆模板因角度不同有好几种规格,可配合使用,在绘制立体图的戒指指圈和手镯时必须用到椭圆模板。圆模板画戒指正视图的时候会用到。使用模板绘制简单戒指案例见图 7-2。

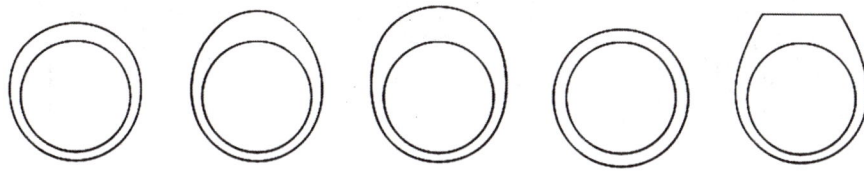

图 7-2 圆模板绘制戒指案例

7.2 戒指三视图(图 7-3)

7.2.1 认识三视图

戒指：戒指主要由戒面、戒肩、戒圈、指圈 4 大部分组成，按佩戴人群一般分为男戒和女戒。男戒线条简单硬朗，表现阳刚之气和豪迈的感觉，女戒则复杂优美，表现女性的柔美和灵秀。戒指按材料可分为金属戒指和宝石戒指两大类，其中金属戒指包括素圈戒指和花式戒指；而宝石戒指则有单头宝石戒指和群镶宝石戒指两种，其中群镶宝石戒指又分为带主石的混镶戒指和不带主石的群镶戒指。

戒指的内直径(指圈)一般为 20～22mm，戒指侧壁厚度以 2mm 左右为宜，戒指下臂厚度应为 1～2mm。

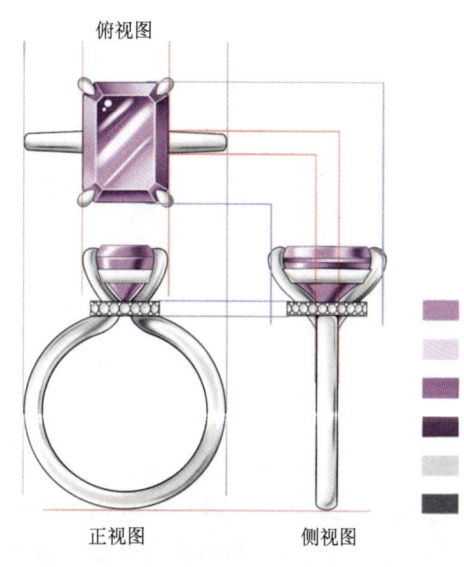

图 7-3 戒指三视图

7.2.2 戒指俯视图的画法

1. 浑圆金属戒指俯视图绘制过程

(1)画出正稿：使用圆珠笔画出戒指的形状，确定正稿(图 7-4a)。
(2)整体铺色：确定浑圆戒指为黄金材质，铺设底色黄色(图 7-4b)。
(3)加深暗部：根据光源绘制戒指的暗面，增加首饰层次感(图 7-4c)。
(4)刻画高光：用高画笔刻画浑圆金属的高光，使其更有立体感(图 7-4d)。

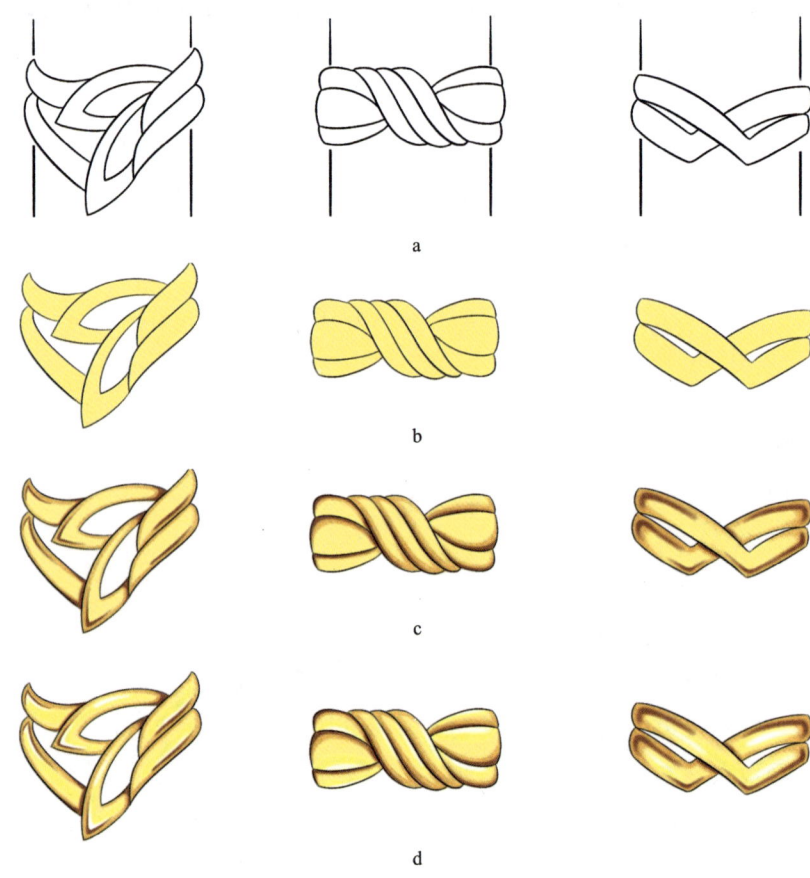

图 7-4　浑圆金属戒指俯视图绘制

2. 平面金属戒指俯视图绘制过程

(1)画出正稿：使用圆珠笔画出戒指的形状，确定正稿(图 7-5a)。

(2)整体铺色：确定平面金属戒指为黄金材质，铺设底色黄色(图 7-5b)。

(3)加深暗部：根据光源绘制戒指的暗面，增加首饰层次感(图 7-5c)。

(4)刻画高光：用高画笔刻画平面金属的高光，使其更有立体感(图 7-5d)。

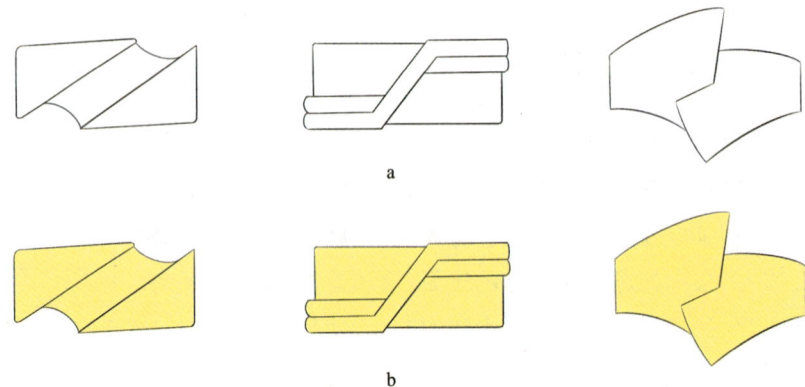

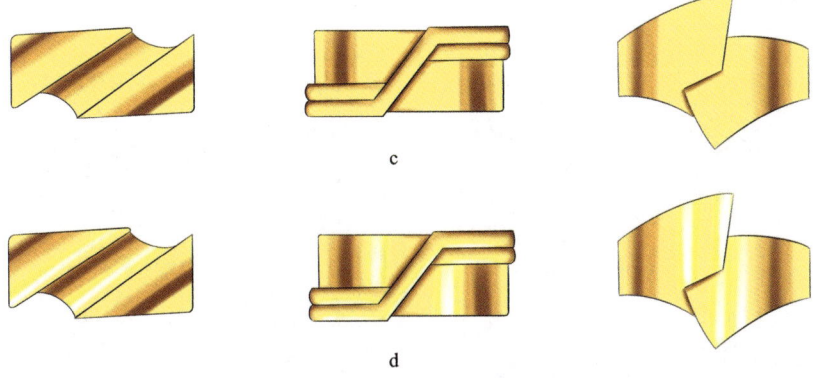

图 7-5　平面金属戒指俯视图绘制

3. 弯曲金属戒指俯视图绘制过程

(1)画出正稿:使用圆珠笔画出戒指的形状,确定正稿(图 7-6a)。
(2)整体铺色:确定弯曲金属戒指为铂金材质,铺设底色浅灰色(图 7-6b)。
(3)加深暗部:根据光源绘制戒指的暗面,增加首饰层次感(图 7-6c)。
(4)刻画高光:用高画笔刻画弯曲金属的高光,使其更有立体感(图 7-6d)。

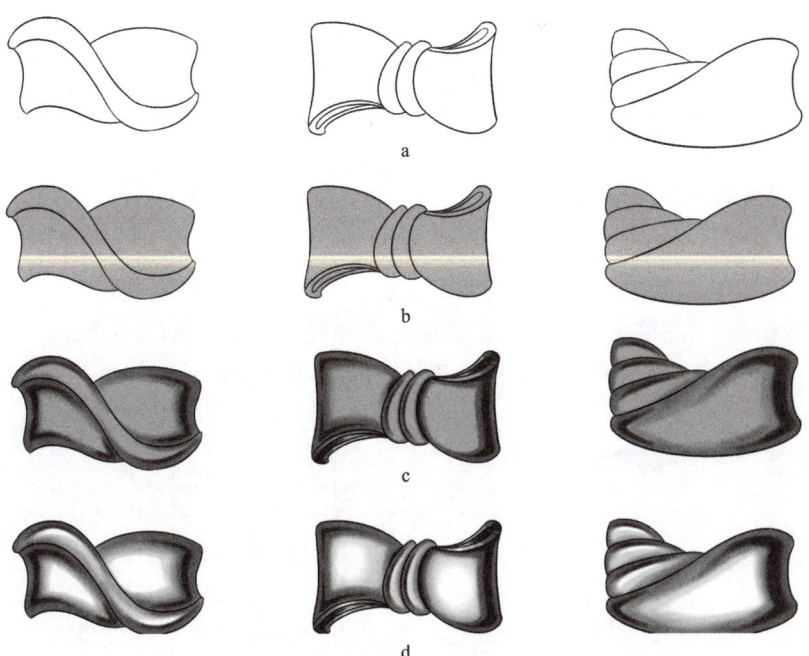

图 7-6　弯曲金属戒指俯视图绘制

4. 戒指俯视图课后练习 (图 7-7)

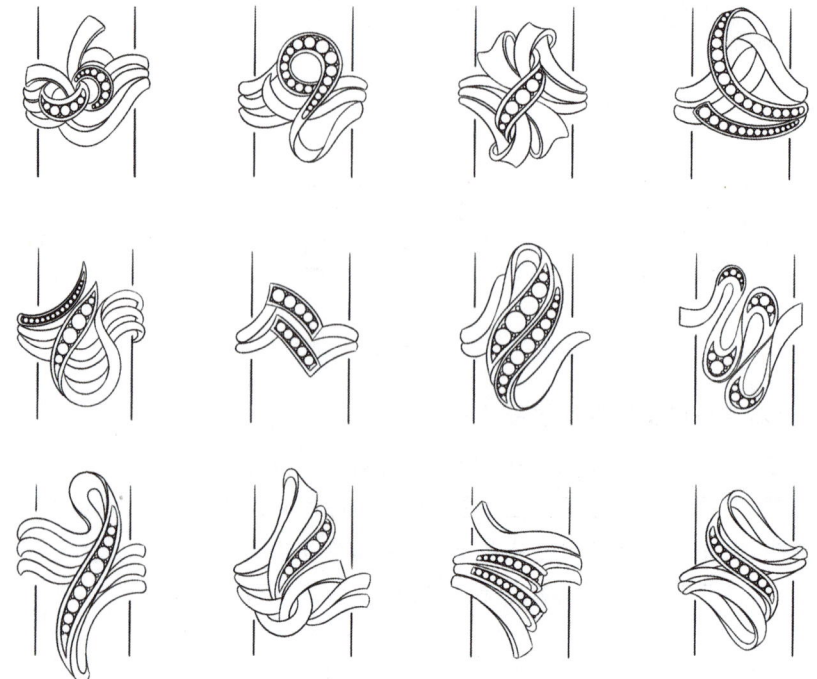

图 7-7 戒指俯视图线稿图

7.2.3 戒指三视图的画法

1. 珍珠戒指的画法 (一) (图 7-8)

(1) 绘制草图：先在戒指正视图画出十字定线，然后画出珍珠，使用其他辅助线确定好三视图的位置，然后画出戒指的基本形状，从而完成最后的画稿 (可以利用圆形模板尺) (图 7-8b)。

(2) 整体铺色：根据确定的金属以及珍珠材质、颜色，铺设底色 (图 7-8c)。

(3) 刻画细节：根据光源画出珍珠和金属的暗面，然后画出珍珠和金属的高光 (图 7-8d)。

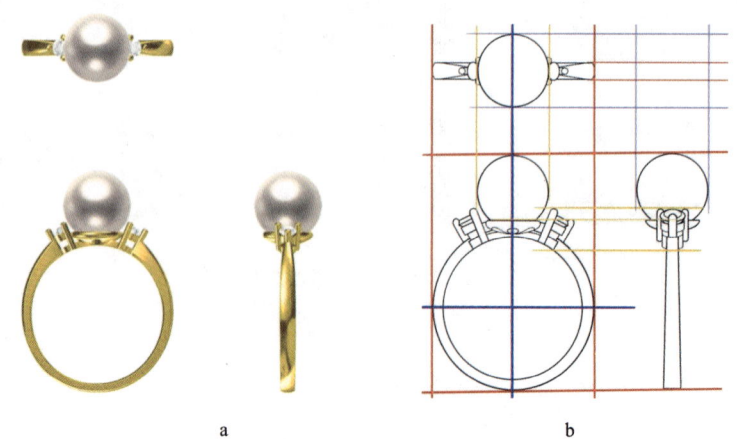

a　　　　　　　　　　b

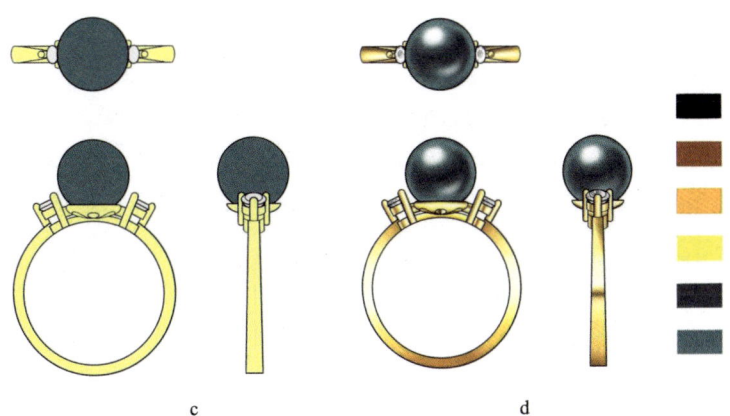

c   d

图 7-8 珍珠戒指的画法(一)

2. 珍珠戒指的画法(二)(图 7-9)

(1)确定正稿:画出十字定线,绘制出珍珠的位置,确定正视图的大小,绘制辅助线定好戒指的三视图的位置,进而画出戒臂,确定正稿(图 7-9b)。

(2)整体铺色:根据确定的金属以及珍珠颜色,铺设底色(图 7-9c)。

(3)刻画细节:根据光源画出珍珠和金属的暗面,然后画出珍珠和金属的高光(图 7-9d)。

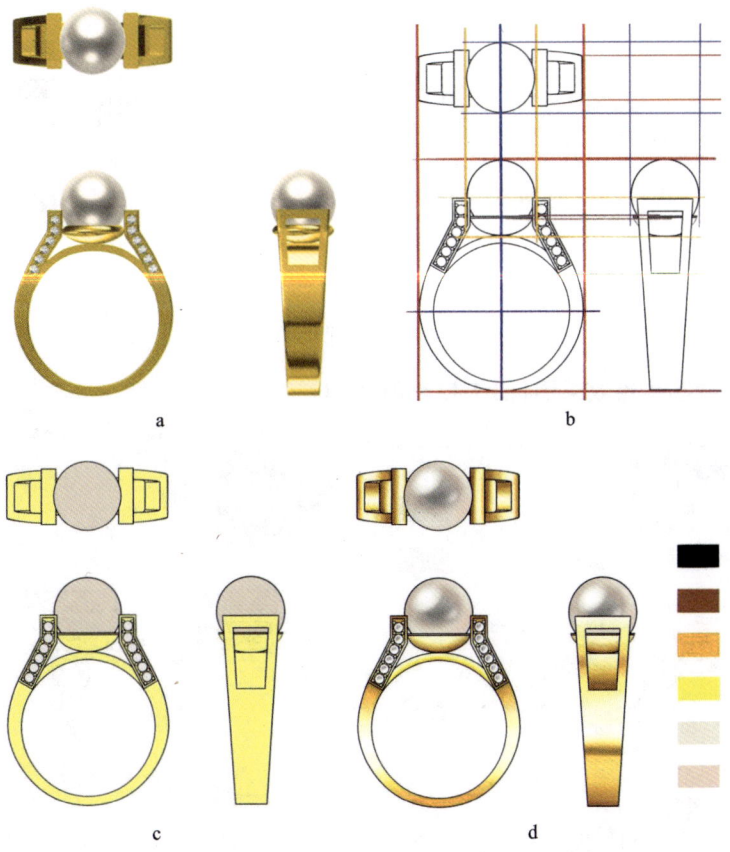

图 7-9 珍珠戒指的画法(二)

3. 珍珠戒指的画法（三）（图 7-10）

(1) 确定正稿：画出十字定线，绘制出珍珠的位置，确定正视图的大小，绘制辅助线定好戒指的三视图的位置，进而画出戒臂，确定正稿（图 7-10b）。

(2) 整体铺色：根据确定的金属以及珍珠颜色，铺设底色（图 7-10c）。

(3) 刻画细节：根据光源画出珍珠和金属的暗面，然后画出珍珠和金属的高光（图 7-10d）。

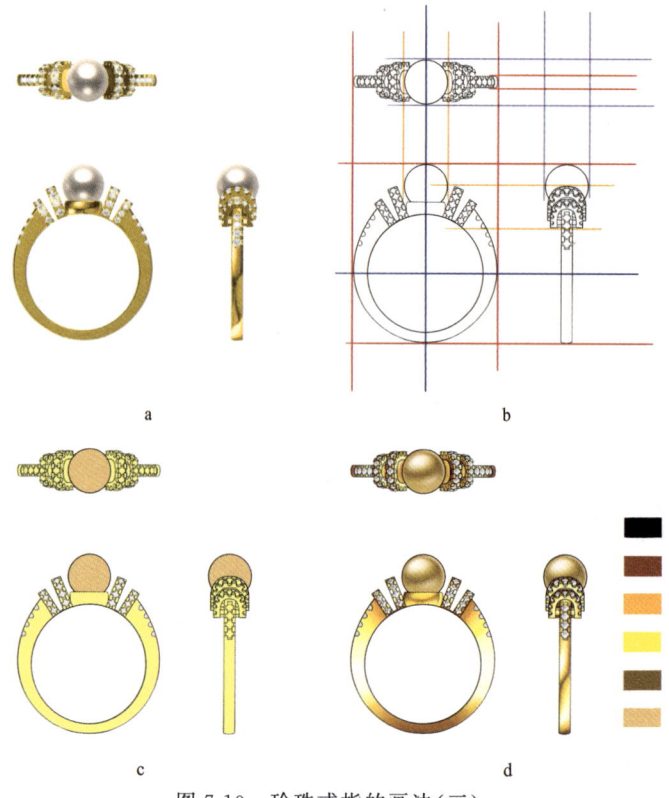

图 7-10　珍珠戒指的画法（三）

4. 戒指三视图手绘效果图（图 7-11～图 7-14）

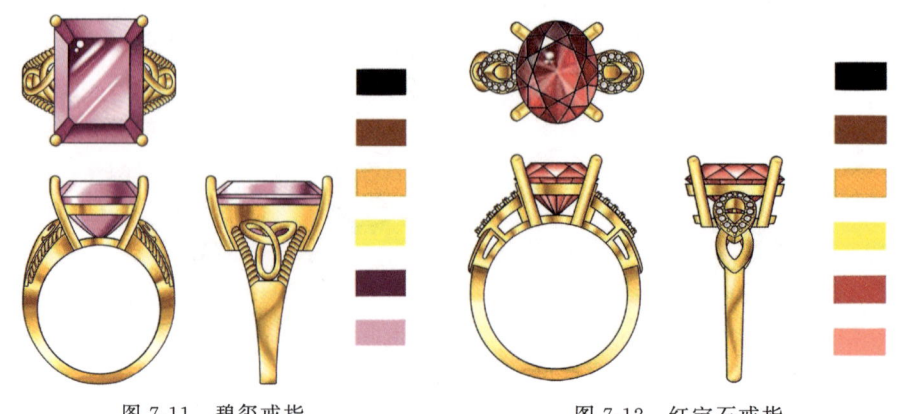

图 7-11　碧玺戒指　　　　图 7-12　红宝石戒指

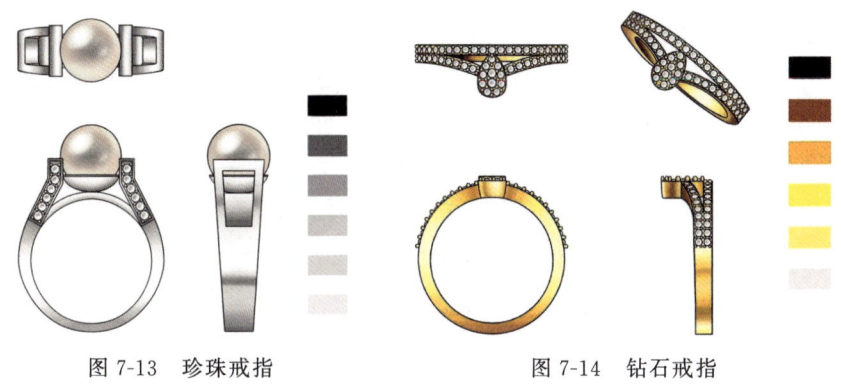

图 7-13　珍珠戒指　　　　图 7-14　钻石戒指

7.3　常规立体戒指的画法

戒指立体图的绘制思路(图 7-15)

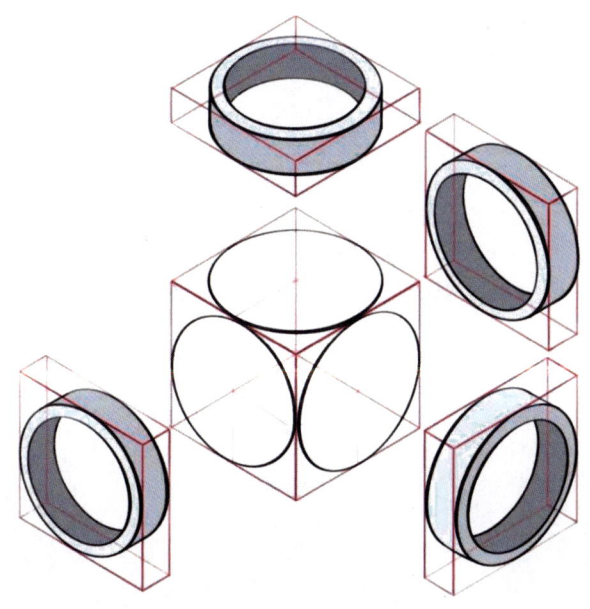

图 7-15　不同方向的戒指立体图

7.3.1　平面戒指的画法(图 7-16)

(1)使用三角板绘制 30°斜线,可使用铅笔(也可以选择 45°或 60°)(图 7-16a)。

(2)使用椭圆模板,椭圆模板上有 6 条线,选择左右两边中间的线条贴住斜线,并且画好一个椭圆,可使用圆珠笔(图 7-16b)。

(3)往左上方平移椭圆模板,平移在斜线上定好戒指宽度,再画一个同等大小的椭圆

(图7-16c中蓝色线条椭圆),红色里面的线用铅笔,外面用圆珠笔。

(4)选择比第一个圆小4号或者6号的圆,在第一个椭圆相同的位置使用圆珠笔进行绘制(图7-16d中红色线条椭圆),并且按照上一步平移的距离再画一个同等大小的椭圆(图7-16d中蓝色线条椭圆),红色内圈蓝色线用圆珠笔,红色外圈蓝色线用铅笔。

(5)用圆珠笔绘制直线连接两个外圆(图7-16e中红色线条),红色线条与斜线平行。

(6)戒指留下的厚度是内圈可视线条,用红色线条表示(图7-16f)。

(7)擦掉辅助线,呈现效果图(图7-16g)。

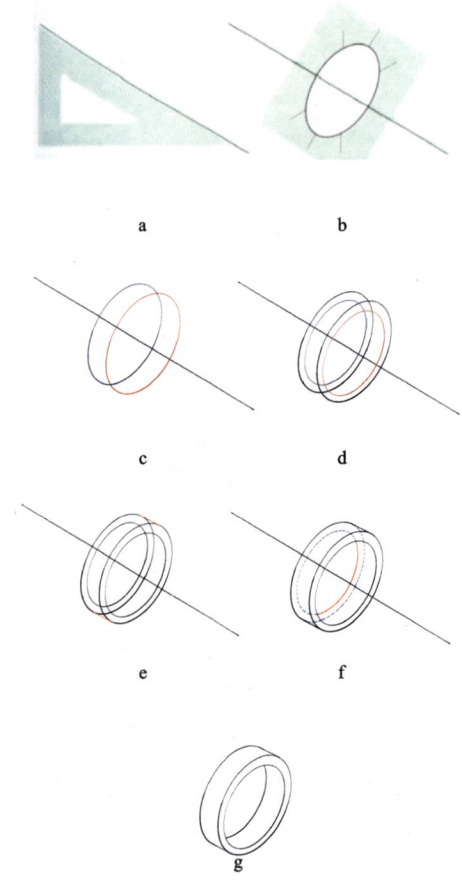

图7-16 平面戒指的绘制

7.3.2 浑圆戒指的画法(图7-17)

(1)使用三角板绘制30°斜线,可使用铅笔(也可以选择45°或60°)(图7-17a)。

(2)使用椭圆模板,椭圆模板上有6条线,选择左右两边中间的线条贴住斜线,并且画好一个椭圆,可使用圆珠笔(图7-17b)。

(3)往左上方平移椭圆模板,平移在斜线上定好戒指宽度,再画一个同等大小的椭圆(图7-17c中蓝色线条椭圆),红色里面的线用铅笔,外面用圆珠笔。

(4)选择比第一个圆小4号或者6号的圆,在第一个椭圆相同的位置使用圆珠笔进行绘制

(图 7-17d 中红色线条椭圆),并且按照上一步平移的距离再画一个同等大小的椭圆(图 7-17d 中蓝色线条椭圆),红色内圈蓝色线用圆珠笔,红色外圈蓝色线用铅笔。

(5)用圆珠笔绘制弧线连接两个外圆(图 7-17e 中红色线条)。

(6)戒指留下的厚度是内圈可视线条,用红色线条表示(图 7-17f)。

(7)擦掉辅助线,呈现效果图(图 7-17g)。

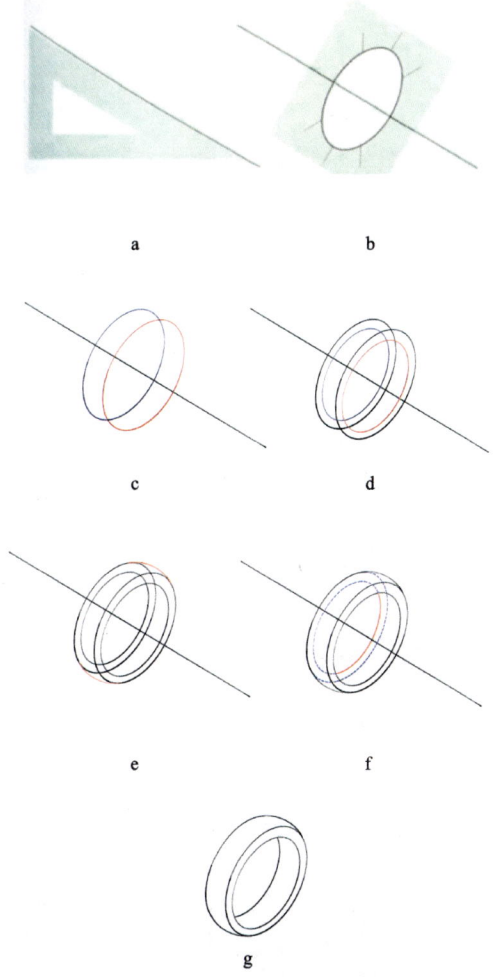

图 7-17　浑圆戒指的绘制

7.3.3　弯曲戒指的画法(图 7-18)

(1)使用三角板绘制 30°斜线,可使用铅笔(也可以选择 45°或 60°)(图 7-18a)。

(2)使用椭圆模板,椭圆模板上有 6 条线,选择左右两边中间的线条贴住斜线,并且画好一个椭圆,可使用圆珠笔(图 7-18b)。

(3)往左上方平移椭圆模板,平移在斜线上定好戒指宽度,再画一个同等大小的椭圆(图 7-18c 中蓝色线条椭圆),红色里面的线用铅笔,外面用圆珠笔。

(4)选择比第一个圆小4号或者6号的圆,在第一个椭圆相同的位置使用圆珠笔进行绘制(图7-18d中红色线条椭圆),并且按照上一步平移的距离再画一个同等大小的椭圆(图7-18d中蓝色线条椭圆),红色内圈蓝色线用圆珠笔,红色外圈蓝色线用铅笔。

(5)用圆珠笔绘制凹线连接两个外圆(图7-18e中红色线条)。

(6)戒指留下的厚度是内圈可视线条,用红色线条表示(图7-18f)。

(7)擦掉辅助线,呈现效果图(图7-18g)。

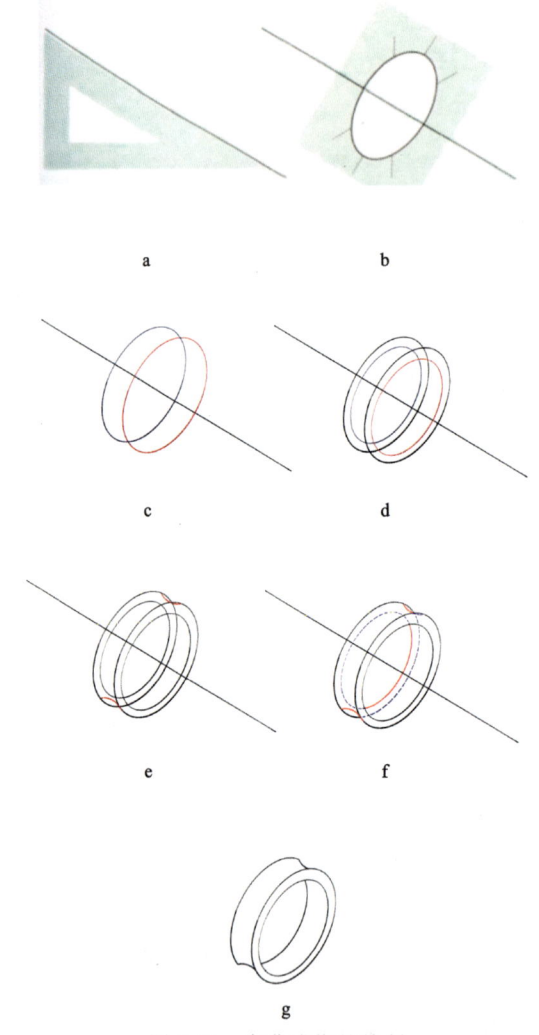

图7-18 弯曲戒指的绘制

7.3.4 宝石立体戒指的画法(图7-19)

(1)使用三角板绘制30°斜线,使用椭圆模板画好一个椭圆,可使用圆珠笔(图7-19a)。

(2)往左上方平移椭圆模板,平移在斜线上定好戒指宽度,再画一个同等大小的椭圆(图7-19b)。

(3)在 X 轴上确定宝石镶口大小,绘制宝石外轮廓(图 7-19c、d)。

(4)选择比第一个圆小 4 号或者 6 号的圆,在第一个椭圆相同的位置使用圆珠笔进行绘制,并且按照上一步平移的距离再画一个同等大小的椭圆。再确定宝石镶口厚度(图 7-19e)。

(5)用直线连接两个外圆,进一步绘制宝石外轮廓(图 7-19f)。

(6)刻画宝石细节,擦掉辅助线,呈现效果图(图 7-19g)。

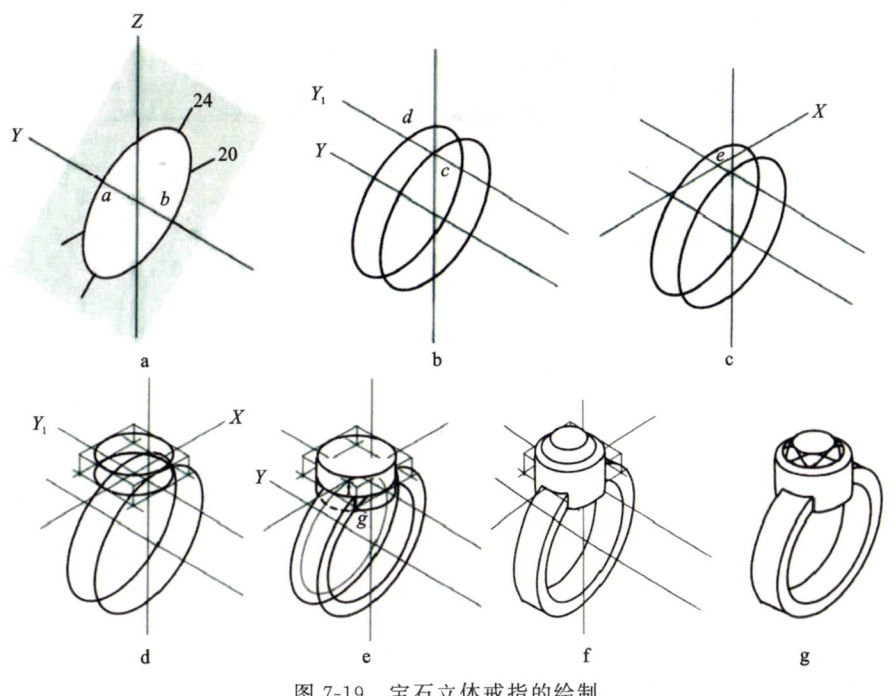

图 7-19　宝石立体戒指的绘制

7.4　戒指俯视图效果图(图 7-20)

a.3D建模图

b.手绘效果图

图 7-20　戒指俯视图效果图

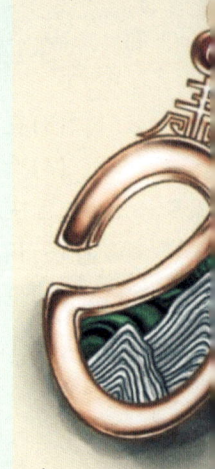

第8章
手镯的结构与画法

8.1　手镯的介绍

手镯是用金、银、玉等制作的戴在手腕上的环形装饰品。按结构一般可分为两种：一是封闭的圆环，以玉石材料为多；二是有端口或由数个链片组成，以金属材料居多。手镯一般呈封闭或半封闭状，固定性较强。大小以手收紧时正好放入、正常情况下又不易脱落为宜，内圈直径一般为5～7cm(图8-1)。

按制作材料可分为金手镯、银手镯、玉手镯、镶宝石手镯等。手镯一般是整块的。

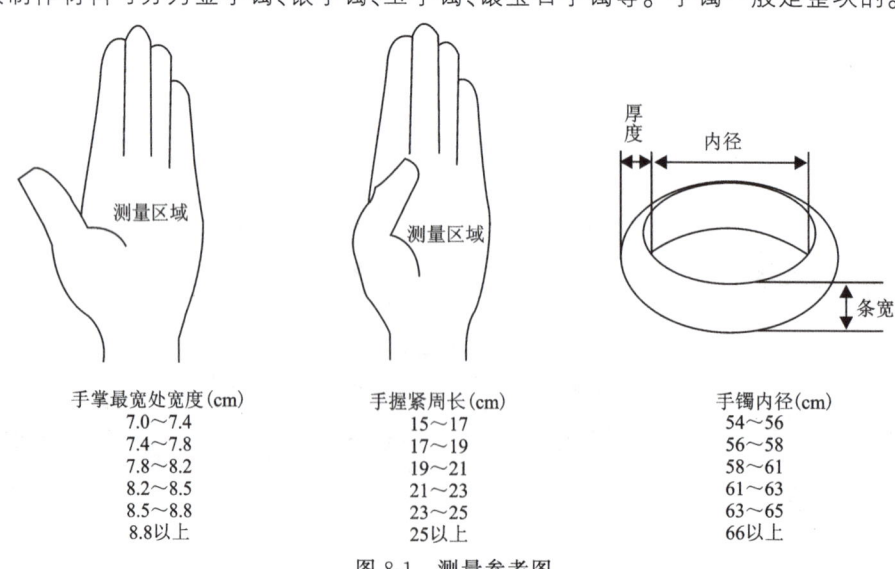

图8-1　测量参考图

8.2 手镯案例绘制

在绘图时,仍然遵循1∶1的绘图比例,且手链要展开绘制。手镯可以先画手镯轮廓,再根据比例进行设计。

8.2.1 蝴蝶手镯

(1)绘制草图:先画出十字定线,确定手镯的大小和形状,然后用铅笔起稿(下笔要轻,方便修改),进而勾勒出最后的正稿,勾勒时注意线条的流畅和弯曲(图8-2a)。

(2)整体铺色:根据金属和宝石的材质、颜色,铺设底色。宝石可以用蓝色作为底色,使宝石更加有深邃感(图8-2b)。

(3)暗部塑造:根据光源,画出各部分深色区域,注意颜色的过渡要自然(图8-2c)。

(4)刻画高光:根据金属和宝石特质,找出宝石的暗部、亮部、高光的位置,勾勒出金属和宝石的高光(图8-2d)。

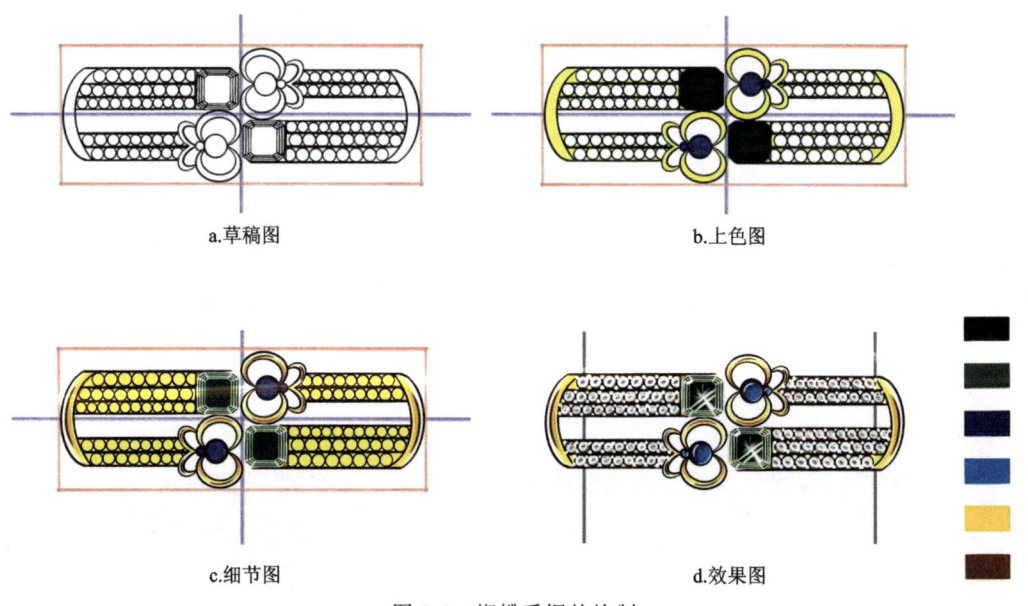

图8-2 蝴蝶手镯的绘制

8.2.2 红宝石手镯

(1)绘制草图:先画出十字定线,确定手镯的大小和形状,然后用铅笔起稿;进而勾勒出最后的正稿,勾勒时注意线条的流畅和弯曲(图8-3a)。

(2)整体铺色:根据金属和红宝石的材质、颜色,铺设底色(图8-3b)。

(3)暗部塑造:根据光源,画出各部分深色区域。红宝石可以选择较深的颜色作为暗部的过渡色。注意颜色的过渡要自然(图8-3c)。

(4)刻画高光:根据金属和红宝石特质,画出红宝石的刻面且找出各部位的暗部、亮部、高光的位置,用最小号的笔勾勒出金属和红宝石的高光(图8-3d)。

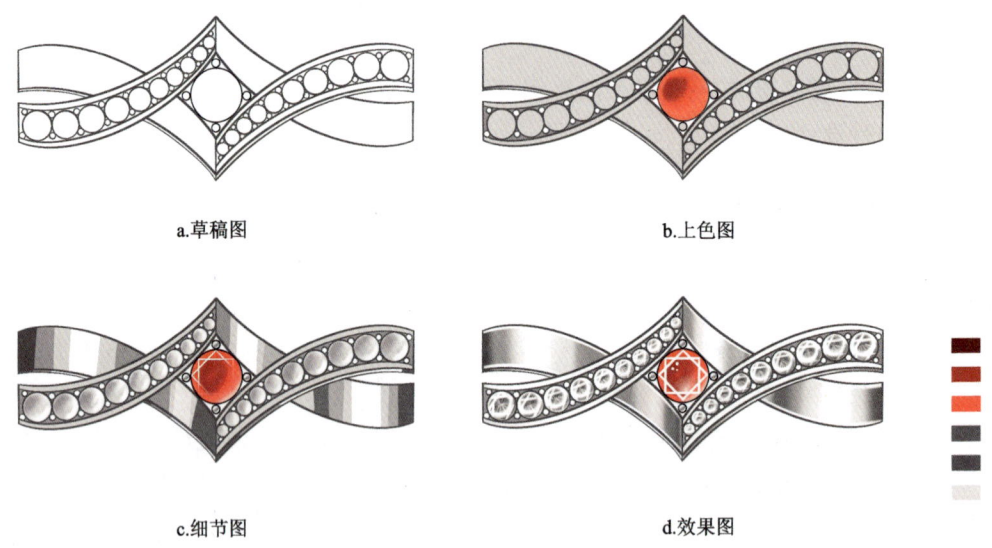

图8-3 红宝石手镯的绘制

8.2.3 翡翠手镯

(1)绘制草图:先画出十字定线,再根据翡翠的大小和数量,用铅笔起稿,在勾勒的时候注意线条的流畅和弯曲,完成正稿(图8-4a)。

(2)整体铺色:根据金属和翡翠的材质、颜色,铺设底色,确保金属和翡翠的饱满与真实(图8-4b)。

(3)暗部塑造:根据光源,选取较深的绿色,画出各部分深色区域,注意颜色的过渡要自然(图8-4c)。

(4)刻画高光:根据翡翠的反光,找出翡翠高光的位置,进而用较小的笔刻画高光,使其更有立体感(图8-4d)。

(5)调整细节:根据金属的性质,找出明暗交界线,画出金属的高光(图8-4e)。

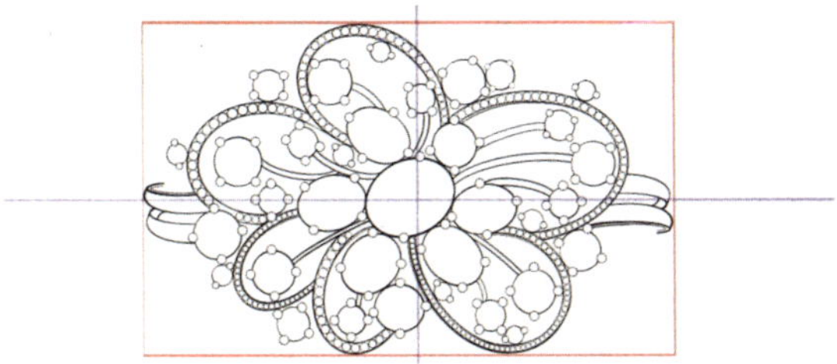

第8章 手镯的结构与画法

a.草稿图

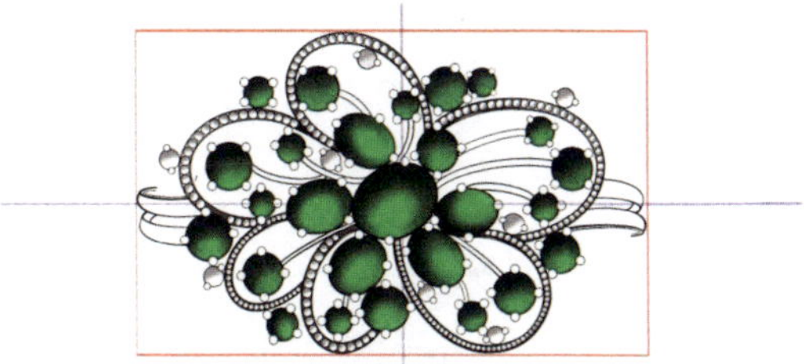

b.上色图

c.细节图

d.高光图

e.效果图

图 8-4 翡翠手镯的绘制

8.2.4 钻石手镯(1)

(1)绘制草图:先画出十字定线,再根据手镯的大小和形状,用铅笔起稿。起稿时注意线条的流畅和弯曲(图 8-5a)。

(2)确定正稿:根据钻石的大小和数量,确定钻石的位置排布,进而勾勒出最后的正稿(图 8-5b)。

(3)整体铺色:根据金属和钻石的材质、颜色,铺设底色,确保金属和钻石的饱满与真实(图 8-5c)。

(4)刻画高光:根据金属和钻石特质,找出各部位的明暗交界线、高光,钻石刻面的位置,用最小号的笔勾勒出金属的高光和钻石的刻面(图 8-5d)。

73

a.草稿图

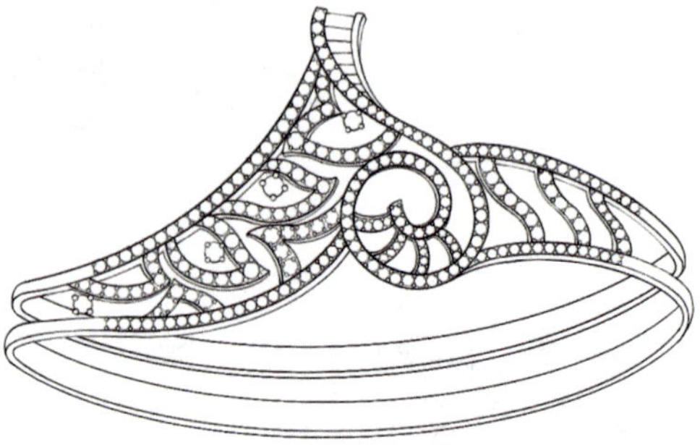

b.细节图

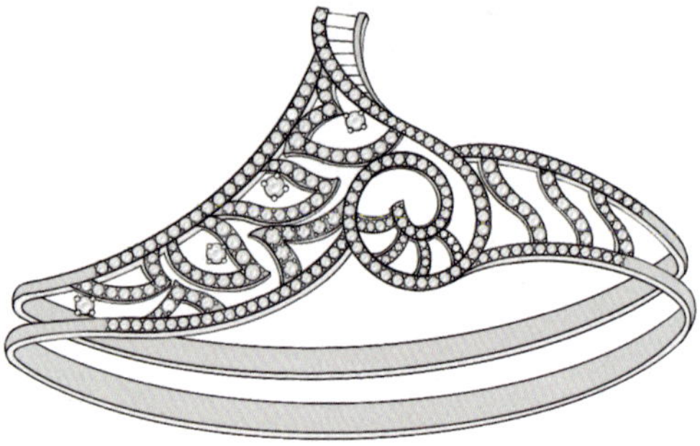

c.上色图

d.效果图

图 8-5　钻石手镯(1)的绘制

8.2.5 钻石手镯(2)

(1)绘制草图:先画出十字定线,再根据手镯的大小和形状,用铅笔起稿。起稿时注意线条的流畅和弯曲以及收口的转折(图 8-6a)。

(2)确定正稿:根据钻石的大小和数量,确定钻石的位置排布,进而勾勒出最后的正稿(图 8-6b)。

(3)整体铺色:根据金属和钻石的材质、颜色,铺设底色,确保金属和钻石的饱满与真实(图 8-6c)。

(4)刻画高光:根据金属和钻石性质,找出钻石和金属的高光、钻石刻面的位置,用最小号的笔勾勒出金属的高光和钻石的刻面(图 8-6d)。

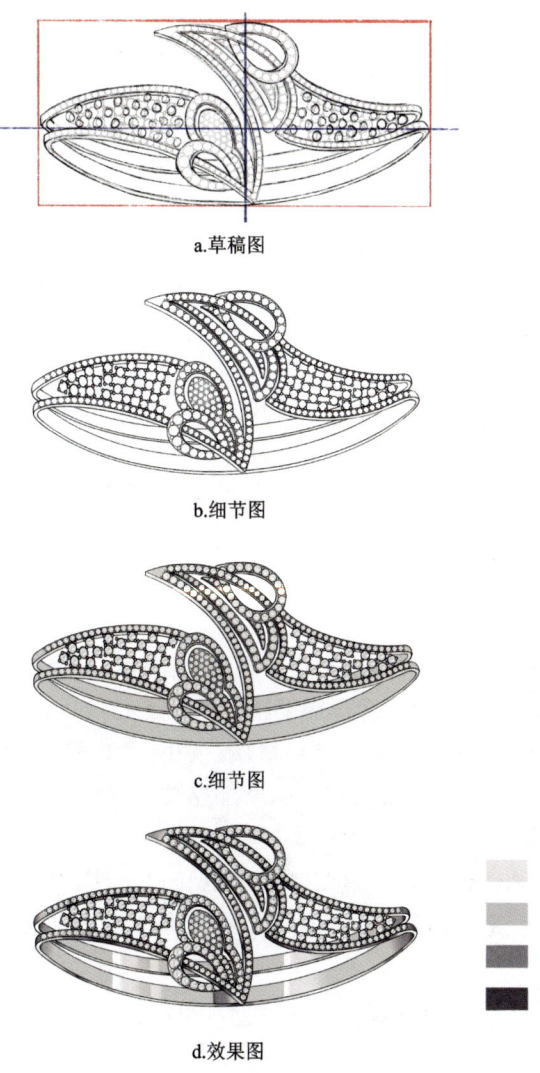

a.草稿图

b.细节图

c.细节图

d.效果图

图 8-6 钻石手镯(2)的绘制

第9章 二视图首饰的画法

9.1 吊坠

9.1.1 吊坠的定义

吊坠,是一种佩戴在颈部的装饰品,通常由金属、宝石、木材、玻璃等材料制成。吊坠通常通过链条、绳子或金属线等连接在项链或其他饰物上,起到装饰和点缀的作用。吊坠的样式和造型各异,有简约的素圈吊坠、精美的宝石吊坠、别致的雕刻吊坠等,它们或简约大方,或华丽繁复,都能展现出佩戴者的气质和风格。

9.1.2 吊坠的扣头

吊坠的扣头是其重要的组成部分,它连接着吊坠主体与链条或绳子,确保吊坠能够稳固地佩戴在颈部。扣头的设计和制作同样需要精细的工艺和技巧,以确保其既美观又实用。

在设计和制作吊坠扣头时,需要考虑到材质、大小、形状等因素。扣头通常与吊坠主体的材质相协调,如金属吊坠可配金属扣头,以增加整体的统一感。同时,扣头的大小和形状也需要与吊坠主体相匹配,以确保整体的美观和协调。

此外,吊坠扣头的制作也需要考虑到其耐用性和安全性。扣头必须能够承受一定的拉力和压力,不易断裂或变形。同时,扣头的开合部分也需要设计得合理,避免在佩戴过程中意外脱落或造成不便。

不同类型吊坠扣头绘制步骤见图9-1。

(1)绘制草稿:包含了确定整体形状、大小、材质(图9-1b)。
(2)设计定稿:画出吊坠扣头的轮廓,注意保持线条的流畅与连贯(图9-1c)。
(3)进行上色:选择合适的颜色和涂抹技巧,使设计呈现出丰富的色彩和立体感(图9-1d)。

a.3D建模图 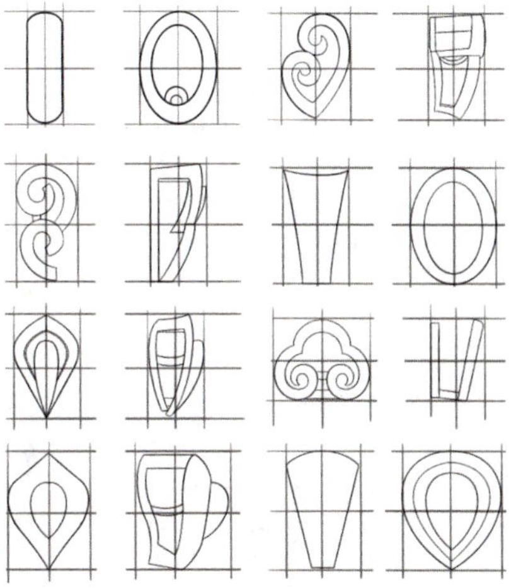　　　　　　　　　　b.草稿图

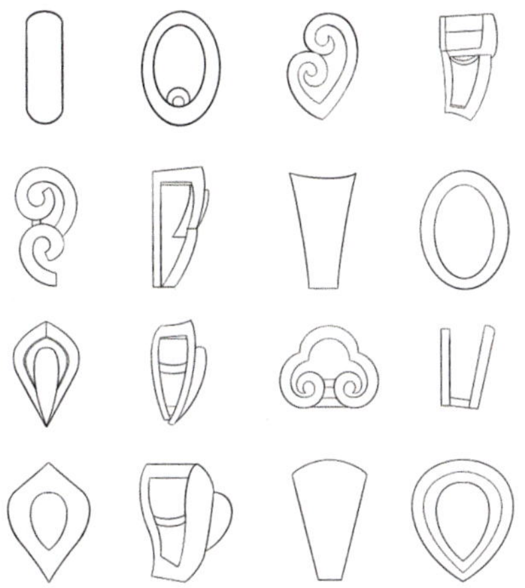

c.线稿图 　　　　　　　　　　d.手绘效果图

图 9-1　吊坠扣头的绘制

9.1.3　简单吊坠的画法

9.1.3.1　简单吊坠正视图的画法

1. 足金蝴蝶吊坠

(1)绘制草图:画出十字定线,绘制蝴蝶的轮廓(下笔要轻,方便修改),确定蝴蝶大概形状和长宽,然后用铅笔起稿,在勾勒的时候注意线条的弯曲(图 9-2b)。

(2)确定正稿(下笔坚定):在草稿的基础上,用清晰的线条刻画细节,完成正稿(图 9-2c)。

(3)整体铺色:根据金属的材质、颜色,铺设底色,确保金属的饱满与真实(图 9-2d)。

(4)暗部塑造:根据光源,画出各部分深色的区域,注意颜色的过渡要自然(图 9-2e)。

(5)刻画高光:根据金属的反光,用最小号勾线笔勾出金属的高光,调整细节(图 9-2f)。

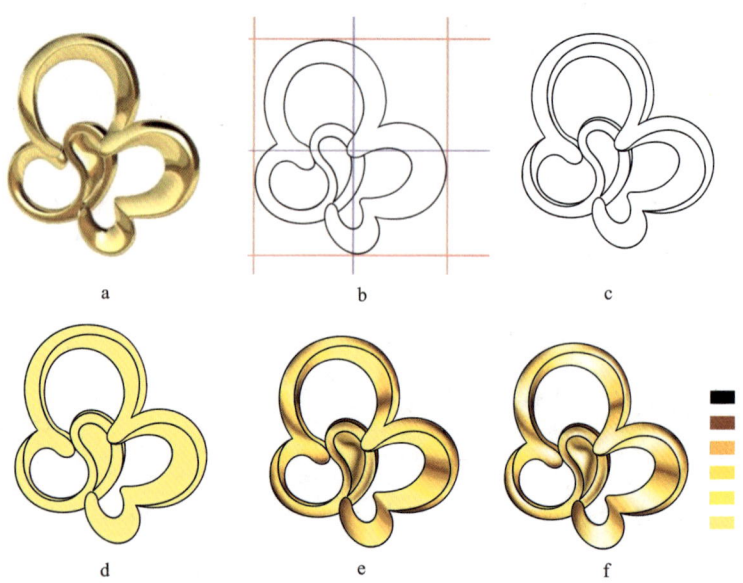

图9-2 足金蝴蝶吊坠的绘制

2. 镶石心形吊坠

(1)绘制草图(下笔要轻,方便修改):画出十字定线,确定心形吊坠的大概形状和长宽(图9-3b)。

(2)确定正稿(下笔坚定):修饰首饰外轮廓,镶嵌采用钉镶,然后用细线勾画出每一颗钻石的造型(图9-3c)。

(3)整体铺色:根据金属和钻石的材质、颜色,铺设底色(图9-3d)。

(4)暗部塑造:根据光源,画出各部分深色的区域,并且重叠的部分要画出阴影(图9-3e)。

(5)刻画高光:深入刻画出每一颗钻石,然后画出它们的切割线,用最小号勾线笔勾出金属和钻石的高光(图9-3f)。

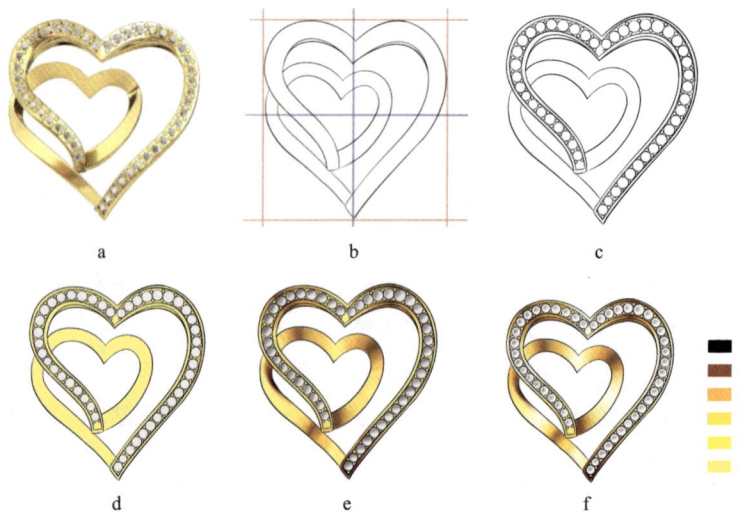

图9-3 镶石心形吊坠的绘制

9.1.3.2 简单吊坠的正视图及侧视图的画法

1. 叶子珍珠吊坠

(1)绘制草图:画出十字定线,确定好珍珠的大概形状和长宽,正视图和侧视图的长一样(图9-4b)。

(2)确定正稿:本次镶嵌方式采用珠镶,绘制出首饰外轮廓,注意线条的弯曲和流畅(图9-4c)。

(3)整体铺色:根据金属和珍珠的材质、颜色,铺设底色。珍珠可以用白色打底,使珍珠更加明亮和鲜艳(图9-4d)。

(4)刻画高光:根据光源,画出各部分深色的区域,用勾线笔勾出金属和珍珠的高光(图9-4e)。

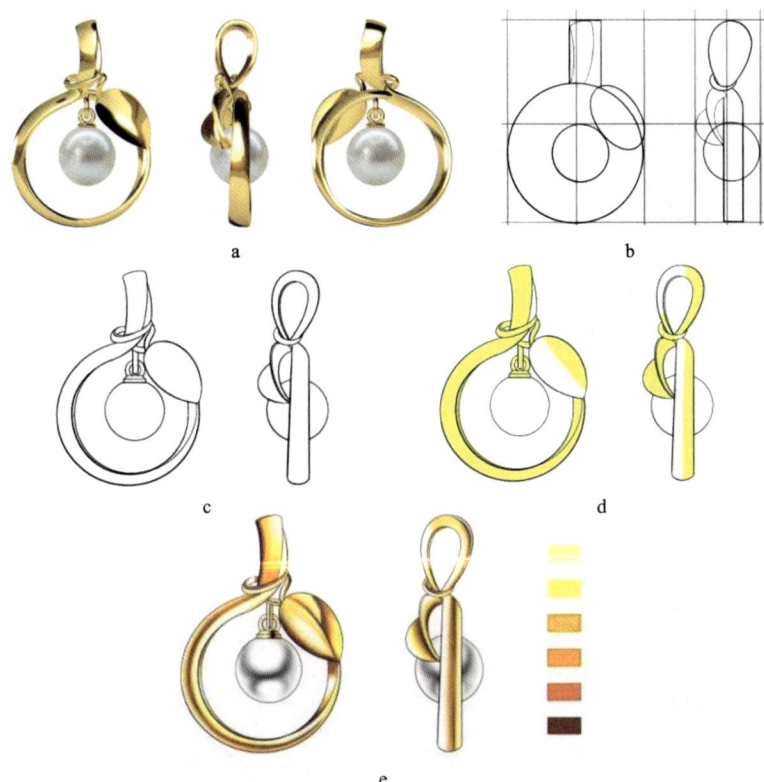

图9-4 叶子珍珠吊坠的绘制

2. 双叶珍珠吊坠

(1)绘制草图:画出十字定线,确定珍珠的大概形状和长宽,正视图和侧视图的长一样(图9-5b)。

(2)刻画细节:本次镶嵌方式采用珠镶,绘制出首饰外轮廓,注意线条的弯曲和流畅(图9-5c)。

（3）整体铺色：根据金属和珍珠的材质、颜色，铺设固有色。珍珠的底色可以用白色来打底（图9-5d）。

（4）暗部塑造：根据光源，画出各部分深色的区域，注意颜色的过渡要自然（图9-5e）。

（5）刻画高光：根据金属和珍珠特质，找出珍珠的暗部、亮部、高光的位置，并用最小号的笔勾勒出金属和珍珠的高光（图9-5f）。

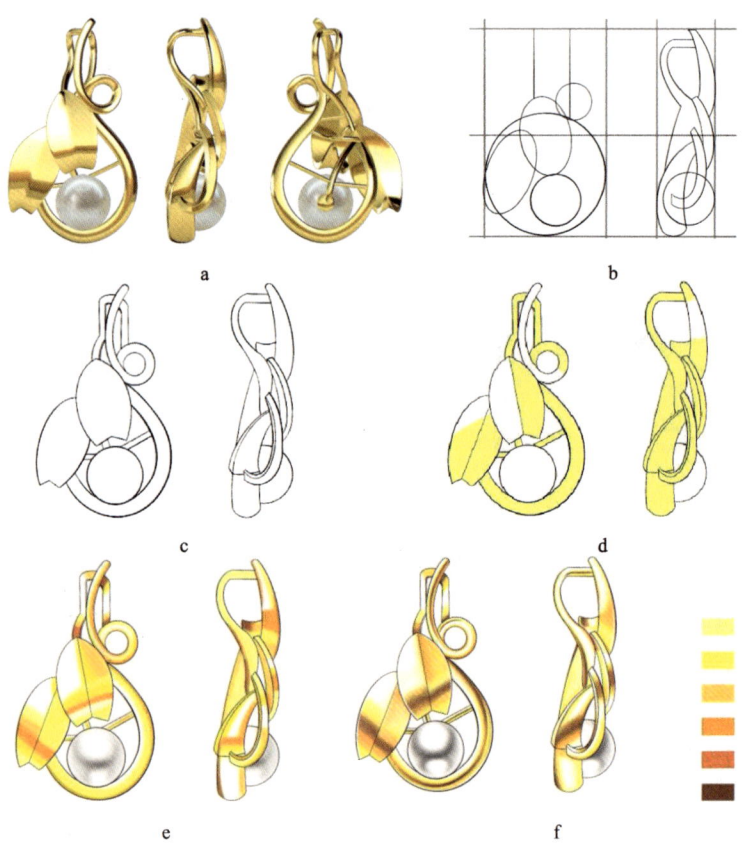

图 9-5 双叶珍珠吊坠的绘制

3. 丝带珍珠吊坠

（1）绘制草图：画出十字定线，确定好吊坠的大概形状和长宽，正视图和侧视图的长一样（图9-6b）。

（2）刻画细节：本次镶嵌方式采用珠镶，绘制出首饰外轮廓，注意线条的弯曲和流畅（图9-6c）。

（3）整体铺色：根据金属和珍珠的材质、颜色，铺设底色（图9-6d）。

（4）高光：根据光源，分别找出金属和珍珠的暗面、亮面以及高光的位置，并用最小号的笔勾勒出金属和珍珠的高光（图9-6e）。

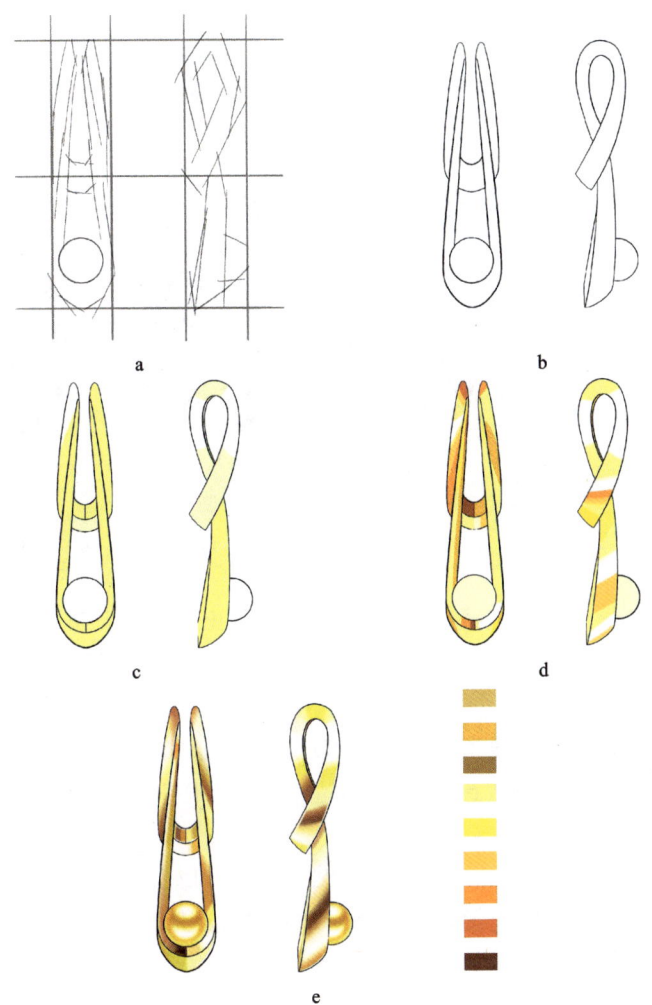

图 9-6　丝带珍珠吊坠的绘制

9.1.4　复杂吊坠的画法

9.1.4.1　复杂吊坠正视图的画法

1. 蓝宝石吊坠

(1) 绘制草图：画出十字定线，确定好椭圆蓝宝石吊坠的大概形状和长宽（图 9-7a）。

(2) 刻画细节：绘制出首饰外轮廓，注意线条的弯曲和流畅（图 9-7b）。

(3) 整体铺色：根据金属和蓝宝石的材质、颜色，铺设底色。蓝宝石可以用浅蓝色作为底色（图 9-7c）。

(4) 高光：根据光源，画出各部分深色的区域，蓝宝石中可以用较深的蓝色作为过渡（过渡自然），并且加深底部、画出阴影和刻面，最后画出金属和蓝宝石的高光（图 9-7d）。

图 9-7 蓝宝石吊坠的绘制

2. 梅花吊坠

（1）绘制草图：先画出十字定线，再根据设计思路画出大致的花瓣形状（图 9-8a）。

（2）确定正稿：根据画好的草稿图，确定花朵的形状并根据钻石的大小预留出钻石的位置（图 9-8b）。

（3）刻画细节（下笔坚定）：根据画好的草稿图，勾勒边缘，刻画细节；画出钻石（图 9-8c）。

（4）整体铺色：根据金属和钻石的材质、颜色，铺设固有底色，确保金属和钻石的饱满与真实（图 9-8d）。

（5）暗部塑造：确定光的来源，然后刻画出钻石的刻面以及阴影。在绘制阴影时，要特别注意在刻面边缘和交会处加深阴影，以突出钻石的立体感和光泽（图 9-8e）。

（6）刻画高光：在铺设底色的基础上，根据光源，画出各部分深色的区域和重叠的部分，要画出阴影，并用最小号勾线笔勾出宝石、钻石的刻面和高光（图 9-8f）。

图 9-8　梅花吊坠的绘制

3. 翡翠吊坠

(1)绘制草图：画出十字定线，绘制翡翠的轮廓，确定翡翠大概的形状和长宽，然后用铅笔起稿，在勾勒的时候注意线条的弯曲(图 9-9a)。

(2)确定正稿：在草稿的基础上，用清晰的线条刻画金属的细节以及钻石和翡翠的分布，完成正稿(图 9-9b)。

(3)整体铺色：根据金属和翡翠的材质、颜色，铺设底色，确保金属、翡翠的饱满与真实(图 9-9c)。

(4)暗部塑造：根据光源，选取较深的绿色，画出翡翠各部分深色的区域，注意颜色的过渡要自然(图 9-9d)。

(5)刻画高光：根据金属和翡翠的反光，找出各部位的高光，并用较小号的笔刻画高光和调整细节(图 9-9e)。

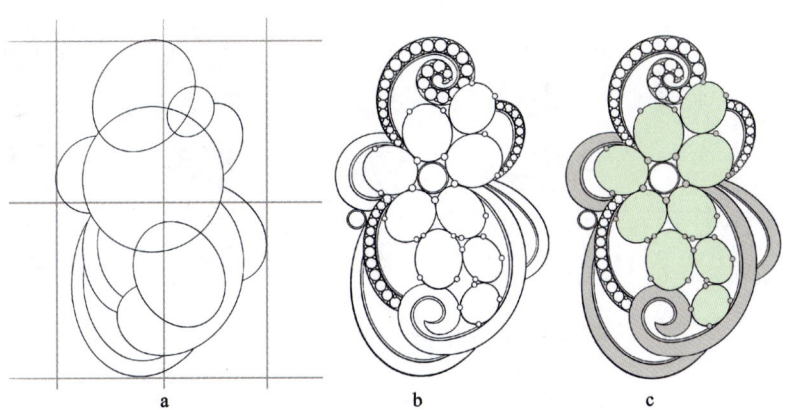

图 9-9 翡翠吊坠的绘制

4. 烟花吊坠

（1）绘制草图：画出十字定线，绘制圆圈的轮廓（可以利用圆形模板尺子），确定圆圈大概的形状和大小，然后用铅笔起稿，在勾勒的时候注意线条的弯曲（图 9-10a）。

（2）确定正稿：在草稿的基础上，用清晰的线条刻画细节，完成正稿（图 9-10b）。

（3）整体铺色：根据金属的材质、颜色，铺设底色，确保金属的饱满与真实（图 9-10c）。

（4）暗部塑造：根据光源，绘出金属的明暗交界处，注意颜色的过渡要自然（图 9-10d）。

（5）刻画高光：根据金属的反光，用最小号勾线笔勾出金属的高光和钻石的刻面及高光，调整细节（图 9-10e）。

图 9-10 烟花吊坠的绘制

9.1.4.2 复杂吊坠的正视图及侧视图的画法

1. 蓝色宝石吊坠

(1) 绘制草图:画出十字定线,绘制蓝宝石的轮廓,确定圆圈大概的形状和长宽,然后用铅笔起稿,在勾勒的时候注意线条的弯曲;正视图和侧视图的长一样(图9-11a)。

(2) 确定正稿:在草稿的基础上,用清晰的线条刻画细节,完成正稿(图9-11b)。

(3) 整体铺色:根据金属和蓝宝石的材质、颜色,铺设底色,确保金属和蓝宝石的饱满与真实。蓝宝石可以选择蓝色作为底色(图9-11c)。

(4) 暗部塑造:根据光源,画出各部分深色的区域,注意颜色的过渡要自然(图9-11d)。

(5) 刻画高光:根据光源,找出金属和蓝宝石的暗部、高光,进而用最小号勾线笔勾出金属的高光和宝石的刻面,调整细节(图9-11e)。

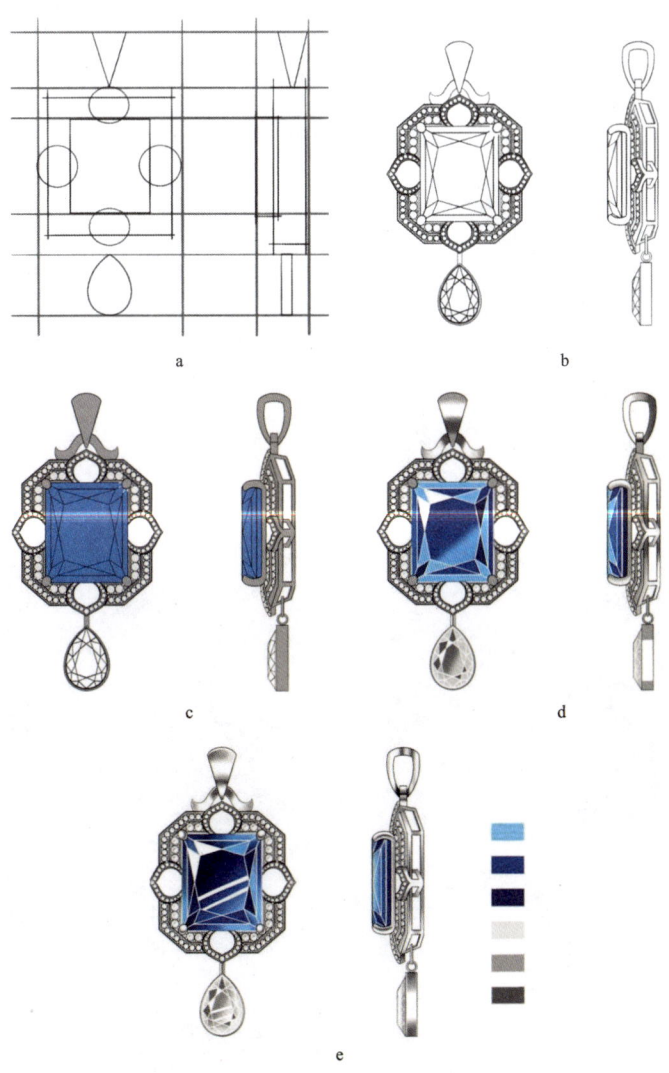

图 9-11 蓝色宝石吊坠的绘制

2. 粉水晶钱袋吊坠

(1)绘制草图：画出十字定线，绘制水晶的轮廓，确定粉水晶的大概形状和大小，然后用铅笔起稿，在勾勒的时候注意线条的弯曲；注意正视图和侧视图的长一样(图 9-12b)。

(2)确定正稿：在草稿的基础上，用清晰的线条刻画细节，完成正稿(图 9-12c)。

(3)整体铺色：根据金属和粉水晶的材质、颜色，铺设底色，确保金属和粉水晶的饱满与真实；粉水晶可以选用浅粉色，体现出水晶的光滑(图 9-12d)。

(4)暗部塑造：根据光源，找出各部位的明暗交界处，进而用比较深的颜色画出各部位的暗部，注意颜色的过渡要自然(图 9-12e)。

(5)刻画高光：根据光源和金属的性质，找出各部位的高光，用最小号勾线笔勾出金属和粉水晶的高光(图 9-12f)。

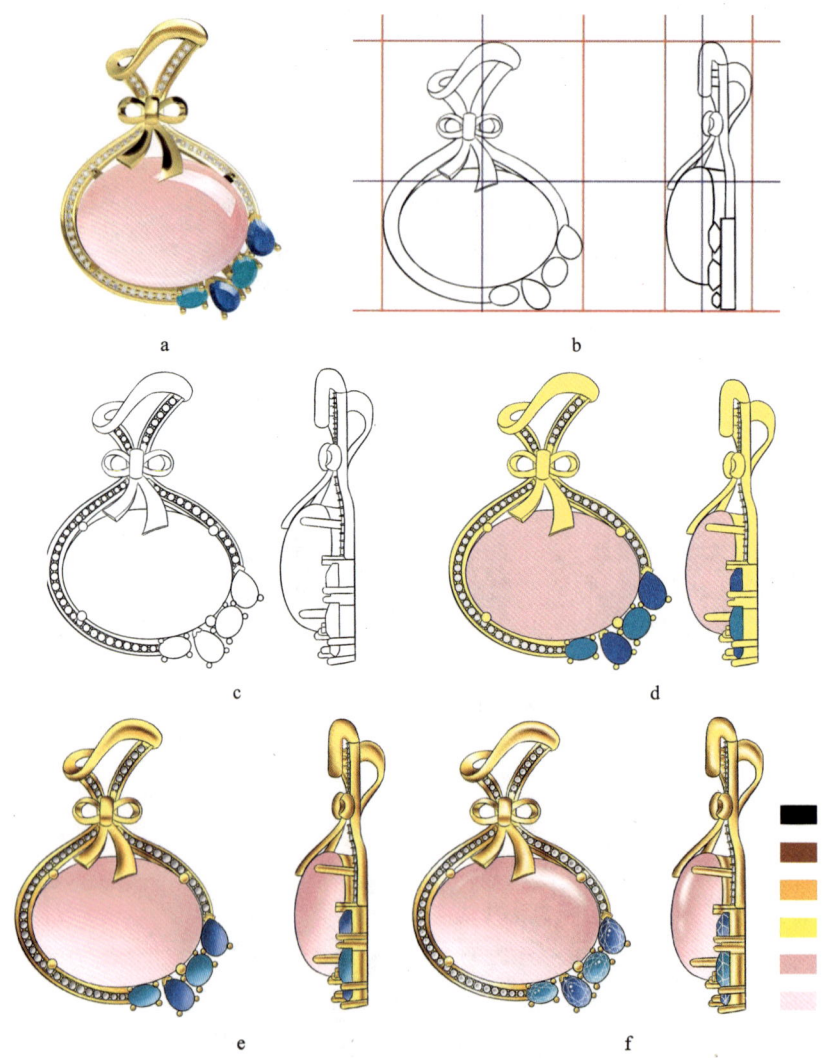

图 9-12　粉水晶钱袋吊坠的绘制

3. 福字绿玉髓吊坠

(1)绘制草图:画出十字定线,绘制绿玉髓的轮廓,确定玉髓的大概形状和大小,然后用铅笔起稿,在勾勒的时候注意线条的弯曲;注意正视图和侧视图的长一样(图9-13b)。

(2)确定正稿:在草稿的基础上,用清晰的线条刻画细节,注意线条的轻重(图9-13c)。

(3)整体铺色:根据金属和玉髓的材质、颜色,铺设底色,确保金属和绿玉髓的饱满与真实(图9-13d)。

(4)暗部塑造:根据光源,找出金属和玉髓的明暗交界处,画出各部分深色区域,注意颜色的过渡要自然(图9-13e)。

(5)刻画高光:根据光源和金属、绿玉髓的反光,用最小号勾线笔勾出金属和绿玉髓的高光,注意细节的调整(图9-13f)。

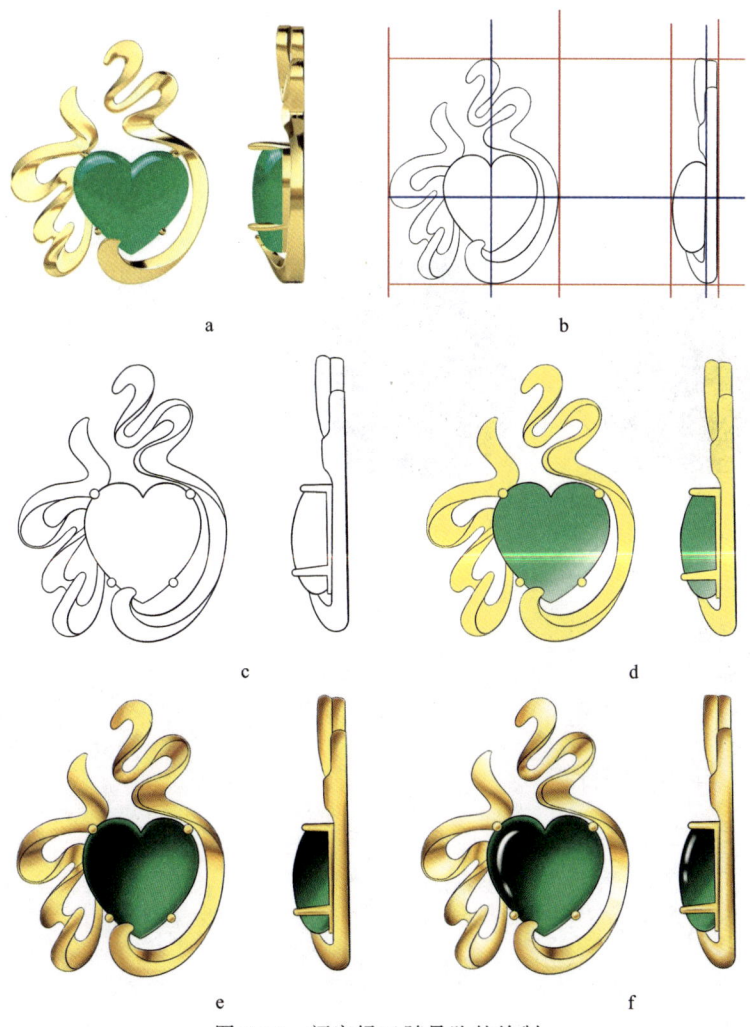

图 9-13 福字绿玉髓吊坠的绘制

9.1.5 吊坠效果图(图 9-14)

图 9-14 吊坠效果图

9.2 耳饰

9.2.1 耳饰介绍

常见耳饰包括耳坠、耳环、耳钉、耳夹、耳线等。耳饰都以金属为主。随着珠宝款式的不断创新,市场上涌现出许多新型的耳饰,如耳钉和项链连成一体的、头箍和耳坠成套的等。

在绘图时仍然要遵循1∶1的绘图比例原则。在一般的手绘表现中,耳饰画正面效果图即可,若有特殊设计也可以补充侧面结构视角。

9.2.2 耳饰案例的画法

1. 荷叶珐琅耳坠

(1)绘制草图:先画出十字定线,再画出耳坠的大致线稿(下笔要轻,方便修改),尺寸为 8cm×5cm(图 9-15a)。

(2)确定正稿:根据耳饰的大小和形状确定线稿(勾勒边缘,下笔坚定),刻画细节。注意线条的弯曲和流畅(图 9-15b)。

(3)整体铺色:根据确定的金属以及宝石材质、颜色,铺设底色。此外,根据光源区分首饰各个部分的亮灰暗面并且铺色(图 9-15c)。

(4)刻画高光:根据重叠部分和光源画出阴影和宝石、金属的亮面。最后,画出宝石和金属的高光,使其更有立体感(图 9-15d)。

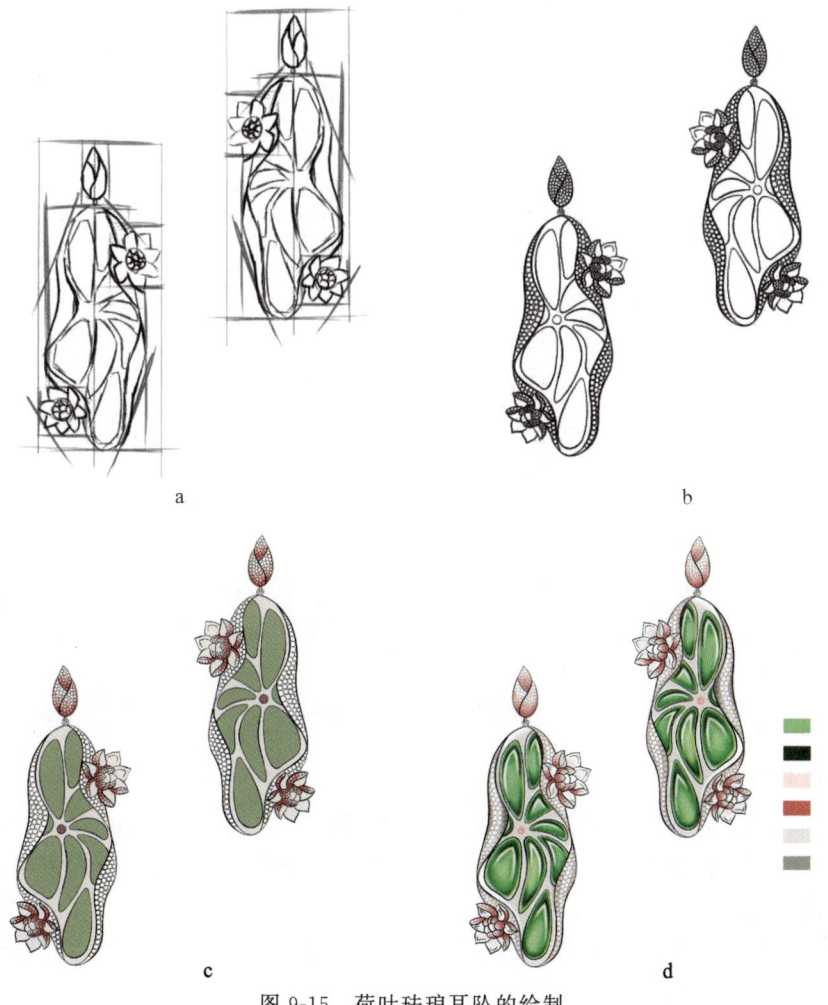

图 9-15 荷叶珐琅耳坠的绘制

2. 翡翠耳坠

(1) 绘制草图:先画出十字定线,进而画出耳饰的大致线稿,尺寸为 7cm×7.5cm(图 9-16a)。

(2) 确定正稿:根据耳饰的大小和形状确定线稿(勾勒边缘,下笔坚定),刻画细节。注意线条的弯曲和流畅(图 9-16b)。

(3) 整体铺色:根据确定的金属以及宝石材质、颜色,铺设底色。此外,根据光源区分首饰各个部分的亮灰暗面并且铺色(图 9-16c)。

(4) 刻画高光:根据重叠部分和光源画出阴影和翡翠、金属的亮面。最后,画出宝石和金属的高光,使其更有立体感(图 9-16d)。

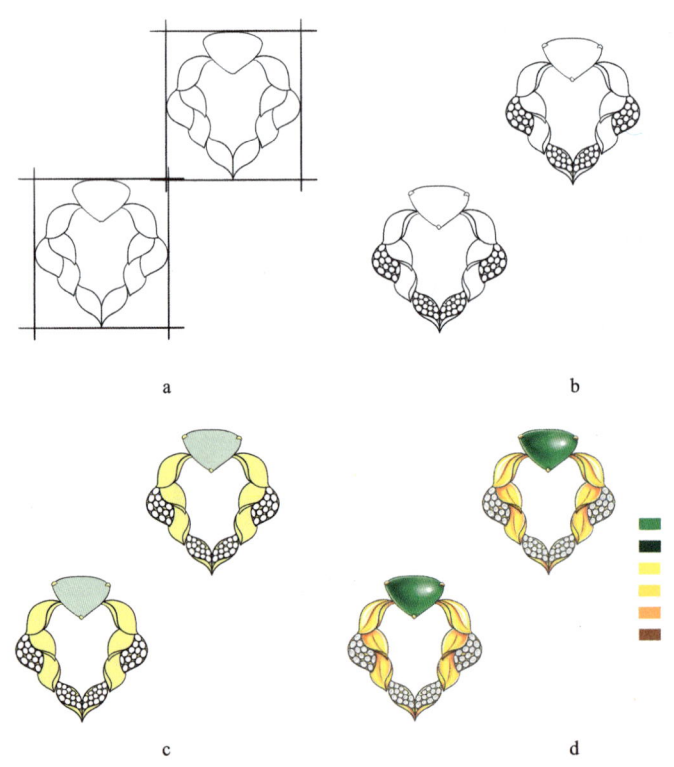

图 9-16 翡翠耳坠的绘制

3. 圆形耳钉

(1) 绘制草图:先画出十字定线,画出耳钉的线稿,尺寸为 5cm×5cm(图 9-17a)。

(2) 确定正稿:根据耳饰和钻石的大小及数量确定钻石的位置,并确定线稿,刻画细节。注意线条的弯曲和流畅(图 9-17b)。

(3) 整体铺色:根据确定的金属以及钻石材质、颜色,铺设底色。此外,根据光源区分首饰各个部分的亮灰暗面并且铺色(图 9-17c)。

(4) 刻画高光:根据重叠部分和光源画出阴影和钻石、金属的亮面以及画出钻石的刻面。最后,画出宝石和金属的高光,使其更有立体感(图 9-17d)。

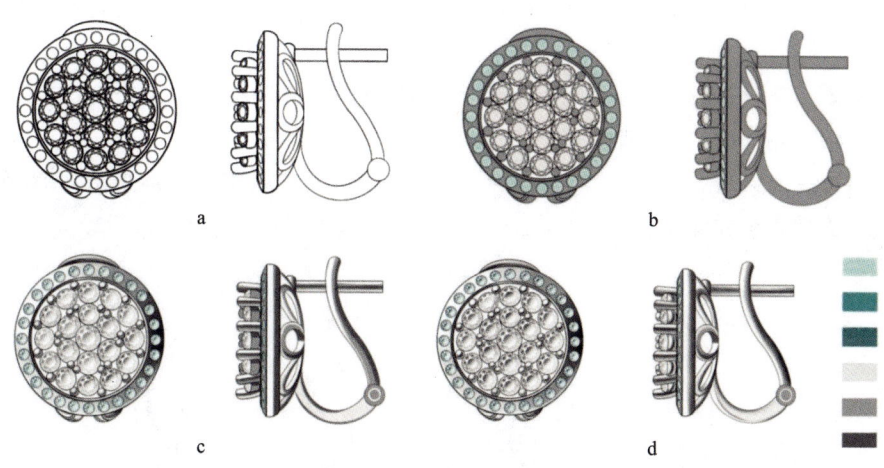

图 9-17　圆形耳钉的绘制

4. 旋涡耳钉

(1) 绘制草图：先画出十字定线，确定好首饰的大小和形状，再画出耳钉的线稿，注意线条轻重感，尺寸为 3.5cm×2.5cm(图 9-18a)。

(2) 确定正稿：根据耳饰和钻石的大小及数量，确定钻石的位置，进而确定线稿，刻画细节。注意线条的弯曲和流畅(图 9-18b)。

(3) 整体铺色：根据确定的金属以及钻石材质、颜色，铺设底色。此外，根据光源区分首饰各个部分的亮灰暗面并且铺色(图 9-18c)。

(4) 刻画高光：根据重叠部分和光源画出阴影和钻石、金属的亮面。最后，画出宝石和金属的高光和钻石的刻面，使其更有立体感(图 9-18d)。

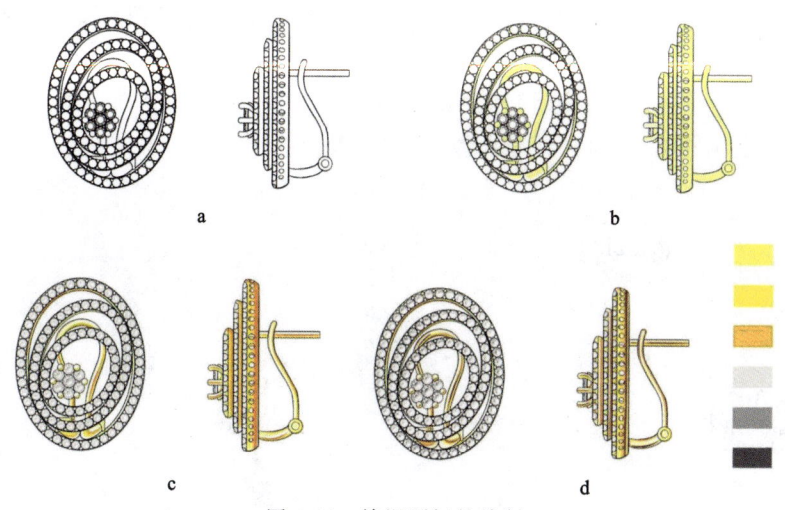

图 9-18　旋涡耳钉的绘制

5. 仙鹤玉石耳饰

(1) 绘制草图：先画出十字定线，再画出耳坠的大致线稿，尺寸为 8cm×5cm(图 9-19a)。

(2)确定正稿:根据耳饰的大小和形状确定线稿,刻画细节。注意线条的弯曲和流畅。(图9-19b)。

(3)整体铺色:根据确定的金属以及宝石材质、颜色,铺设底色。此外,根据光源区分首饰各个部分的亮灰暗面并且铺色(图9-19c)。

(4)刻画高光:根据重叠部分和光源画出阴影和翡翠、金属的亮面。最后,画出宝石和金属的高光,使其更有立体感(图9-19d)。

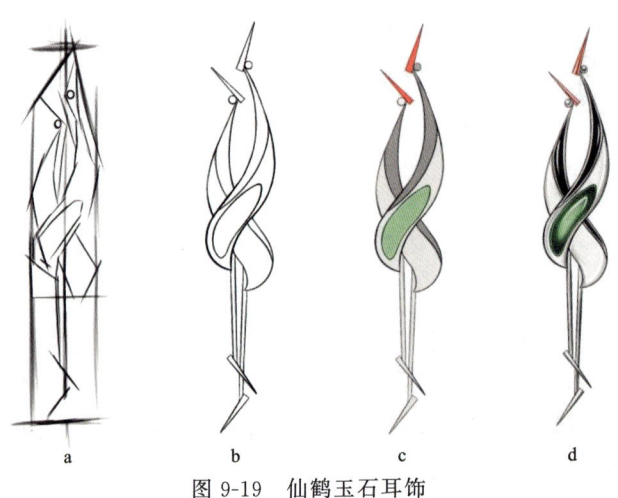

图9-19 仙鹤玉石耳饰

6. 醒狮玉石耳饰

(1)确定正稿:先确定图案的大小和长宽,再根据耳饰的大小和形状确定线稿,刻画细节。注意线条的弯曲和流畅(图9-20a)。

(2)整体铺色:根据确定的金属以及玉石的材质、颜色,铺设底色。此外,根据光源区分首饰各个部分的亮灰暗面并且铺色(图9-20b)。

(3)刻画高光:根据重叠部分和光源画出阴影和玉石、金属的亮面。最后用最小号的笔勾勒出玉石和金属的高光,使其更有立体感(图9-20c)。

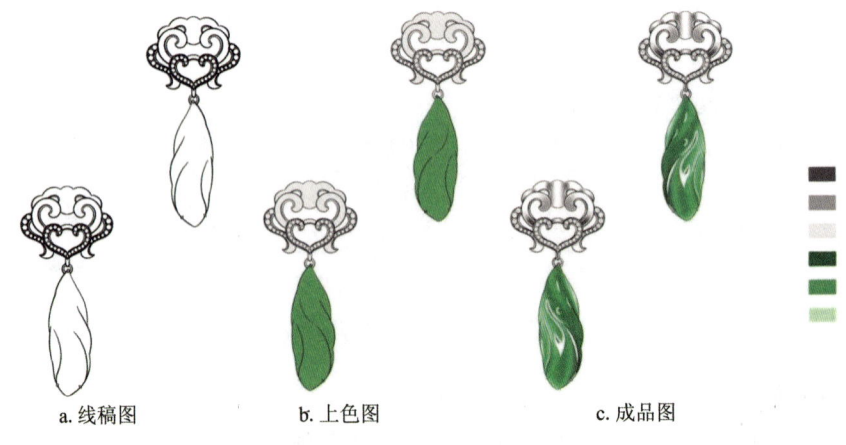

a. 线稿图　　b. 上色图　　c. 成品图

图9-20 醒狮玉石耳饰的绘制

7. 淡水珍珠耳饰

(1)绘制草图,确定正稿:画出十字定线,绘制珍珠的轮廓(可以利用圆形模板尺子),并确定珍珠大概形状和长宽。然后用铅笔起稿,在勾勒的时候注意线条的弯曲,使正视图和侧视图长一样(图 9-21a)。

(2)整体铺色:根据金属和珍珠的材质、颜色,铺设底色,确保金属和珍珠的饱满与真实(图 9-21b)。

(3)暗部塑造:根据光源,画出各部分深色区域,注意颜色的过渡要自然(图 9-21c)。

(4)刻画高光:根据光的来源和金属、珍珠的反光,找出钻石的刻面,用最小号勾线笔勾出金属和珍珠的高光以及钻石的刻面,调整细节(图 9-21d)。

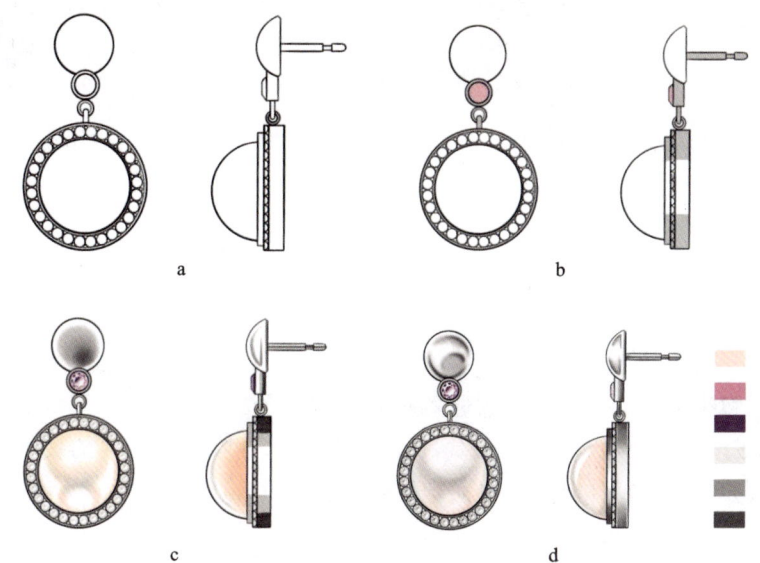

图 9-21　淡水珍珠耳饰的绘制

9.2.3　耳饰案例

耳饰案例如图 9-22～图 9-25 所示。

图 9-22　鱼形耳饰　　　　图 9-23　堆糖耳饰

图 9-24　金枝玉叶耳饰

图 9-25　春天耳饰

9.3　胸针

9.3.1　胸针介绍

胸针又称胸花,是一种使用搭钩、佩戴在胸前或领子上的饰品,也可以认为是带装饰作用的别针,一般为金属质地,可镶嵌宝石,饰有珐琅等。可以用作纯粹的装饰或兼有固定服饰,例如长袍、披风、围巾等的作用,男女均可佩戴。

9.3.2　胸针的画法

1. 礼帽红珐琅胸针

(1)绘制草图:根据设计思路画出耳坠的大致线稿,尺寸为 8cm×5cm(图 9-26a)。

(2)确定正稿:根据胸针的大小和形状确定线稿,刻画细节。注意线条的棱角和流畅性(图 9-26b)。

(3)整体铺色:根据确定的金属以及宝石材质、颜色,铺设底色。此外,根据光源区分首饰各个部分的亮灰暗面并且铺色(图 9-26c)。

(4)刻画高光:根据重叠部分和光源画出珐琅的阴影和高光。最后,画出首饰各个部分的高光,使其更有立体感(图 9-26d)。

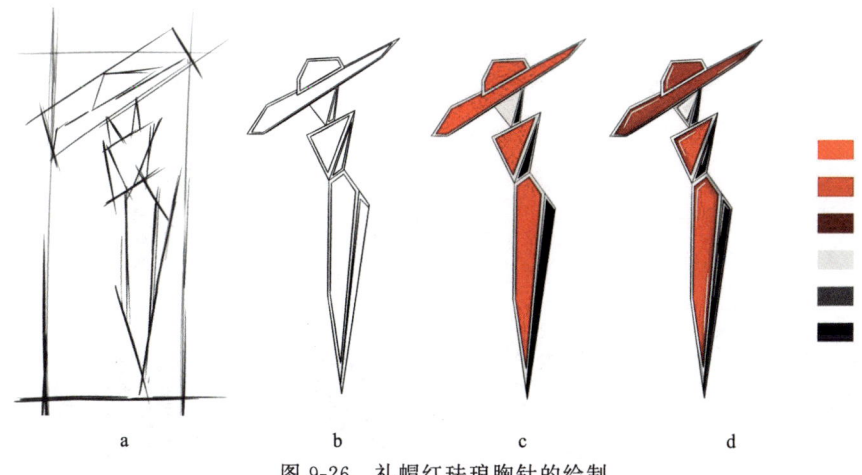

图 9-26　礼帽红珐琅胸针的绘制

2. 礼帽蓝珐琅胸针

(1)绘制草图:根据设计思路画出耳坠的大致线稿,尺寸为 8cm×5cm(图 9-27a)。

(2)确定正稿:根据胸针的大小和形状确定线稿,刻画细节。注意线条的棱角和流畅性(图 9-27b)。

(3)整体铺色:根据确定的金属以及宝石材质、颜色,铺设底色。此外,根据光源区分首饰各个部分的亮灰暗面并且铺色(图 9-27c)。

(4)刻画高光:根据重叠部分和光源画出珐琅的阴影和高光。最后,画出首饰各个部分的高光,使其更有立体感(图 9-27d)。

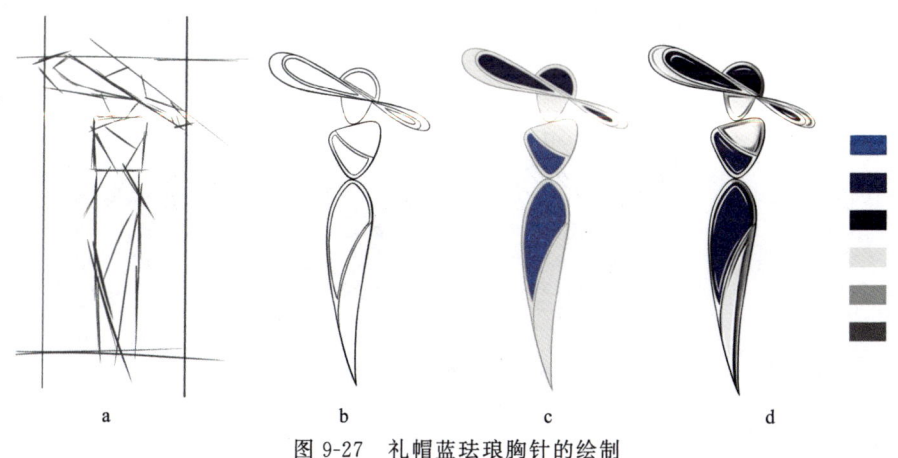

图 9-27　礼帽蓝珐琅胸针的绘制

3. 弧面祖母绿胸针

(1)绘制草图:根据设计思路画出胸针的大致线稿,尺寸为 8cm×5cm(图 9-28a)。

(2)确定正稿:根据胸针、钻石和祖母绿的大小、数量以及形状,来确定手链的整体形状和比例,确定线稿,刻画细节。注意线条的弯曲和流畅性(图 9-28b)。

(3)整体铺色：根据确定的金属以及祖母绿材质、颜色，铺设底色。此外，根据光源区分首饰各个部分的亮灰暗面并且铺色（图9-28c）。

(4)刻画高光：根据重叠部分和光源画出阴影和祖母绿、金属的亮面。最后，画出祖母绿和金属的高光，使其更有立体感（图9-28d）。

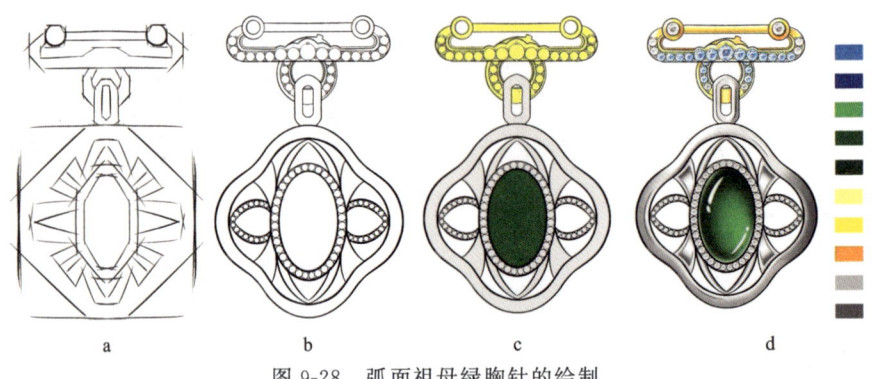

图9-28 弧面祖母绿胸针的绘制

4. 蝴蝶胸针

(1)绘制草图：根据设计思路画出胸针的大致线稿，尺寸为8cm×5cm（图9-29a）。

(2)确定正稿：根据胸针的整体形状和比例，宝石的大小和数量，确定正稿（图9-29b）。

(3)整体铺色：根据确定的金属以及宝石材质、颜色，铺设底色。此外，根据光源区分首饰各个部分的亮灰暗面并且铺色（图9-29c）。

(4)刻画高光：根据重叠部分和光源画出阴影和宝石、金属的亮面。最后，画出宝石和金属的高光，使其更有立体感（图9-29d）。

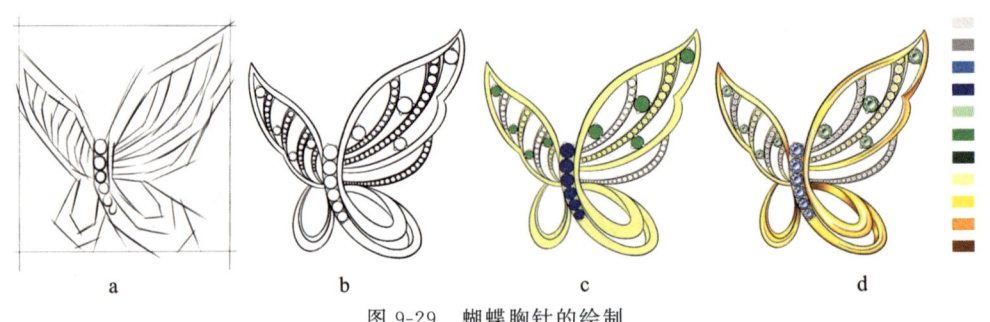

图9-29 蝴蝶胸针的绘制

5. 满镶绿玛瑙胸针

(1)绘制草图：画出十字定线，绘制胸针的轮廓，确定胸针的大概形状和长宽，然后用铅笔起稿，在勾勒的时候注意线条的弯曲（图9-30a）。

(2)确定正稿：在草稿的基础上，用清晰的线条刻画细节，完成正稿（图9-30b）。

(3)整体铺色：根据金属和玛瑙的材质、颜色，铺设底色，确保金属和玛瑙的饱满与真实（图9-30c）。

(4)暗部塑造:根据光源,画出各部分深色区域,注意颜色的过渡要自然(图9-30d)。

(5)刻画高光:根据金属和玛瑙的反光,用最小号勾线笔勾出金属和玛瑙的高光,调整细节(图9-30e)。

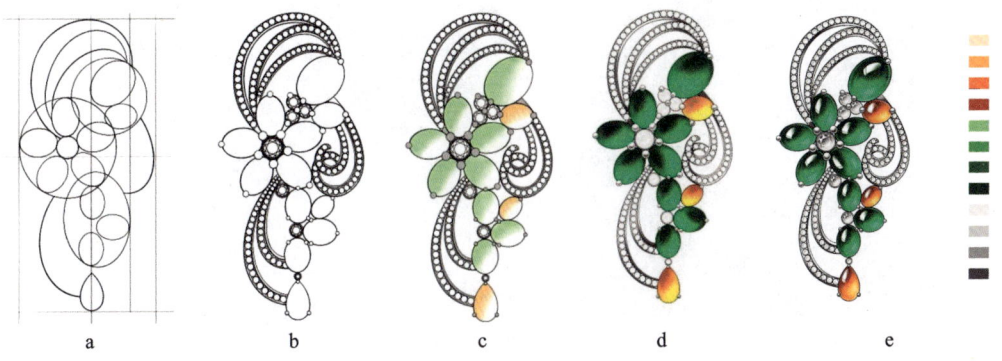

图9-30 满镶绿玛瑙胸针的绘制

9.3.3 胸针案例

胸针案例如图9-31～图9-33所示。

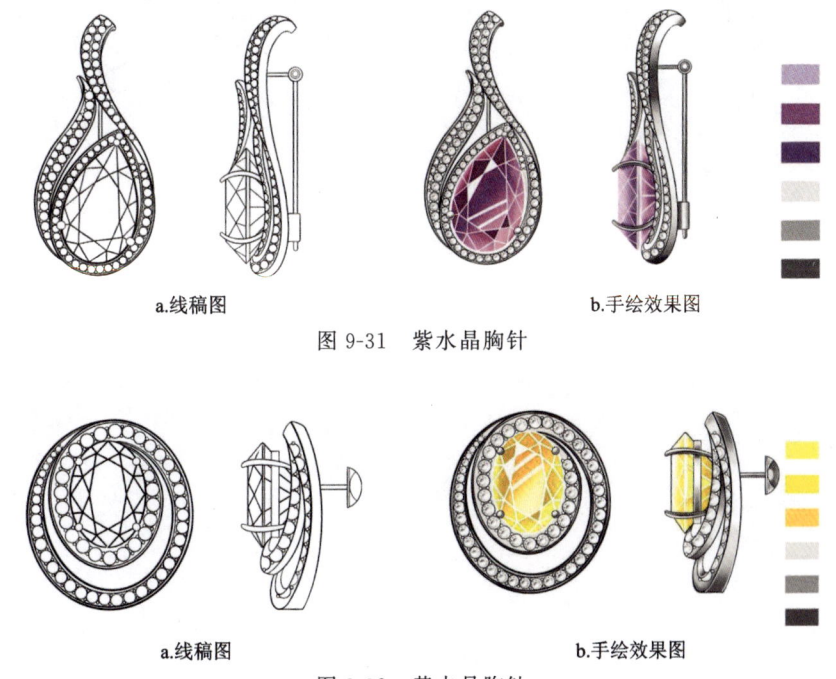

a.线稿图　　　　　　　　　　b.手绘效果图

图9-31 紫水晶胸针

a.线稿图　　　　　　　　　　b.手绘效果图

图9-32 黄水晶胸针

97

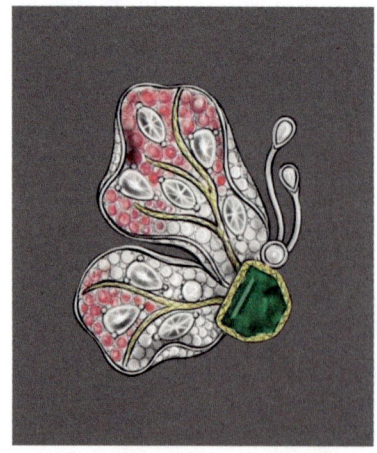

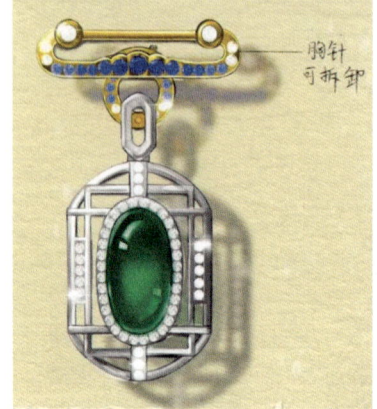

图 9-33　效果图

第 10 章
链扣的结构与手链的画法

10.1 链扣的结构

常见的链扣有 8 种：S 扣、M 扣、弹簧扣、龙虾扣、螺旋扣、OT 扣、插棒扣、搭扣。

S 扣（图 10-1）是项链非常常见的链扣款式，链扣的形状很像英文字母"S"。这种链扣的延展性高，所以主要用于黄金、铂金等这些延展性很好的贵金属，可以反复弯曲。为防止项链滑脱，一般链扣的一端可以开合，另一端则是被焊死的。

M 扣是项链非常常见的链扣款式，链扣的形状很像英文字母"M"（图 10-2），也叫"W 扣"。这种链扣和 S 扣类似，开合主要靠手掰。这里还有一个佩戴小技巧传授大家：把链扣扣在 M 扣的中心位置，再用手把活扣按紧就会更加牢固实用。

图 10-1　S 扣　　　　　　　　图 10-2　M 扣

弹簧扣（图 10-3）是项链当中比较常见的扣型之一，它是通过装有弹簧的机关来控制卡扣的开合。弹簧扣多适用于比较纤细的精致项链中，佩戴起来很方便，不需要像 M 扣一样硬掰，多用于高硬度贵金属。

龙虾扣（图 10-4）也属于弹簧扣的一种，因为形状酷似龙虾而得名。这种链扣一般用于金属材质的项链，调节手链大小时也非常方便，但是由于款式不够精致漂亮，一般不用于高级项链。

图 10-3　弹簧扣　　　　　　　　　　图 10-4　龙虾扣

　　螺旋扣（图10-5）是像螺丝一样拧起来的扣型。这种扣型主要用于比较低端的项链中，外形不够美观。螺旋扣不会用在黄金项链中，一般常用于珍珠项链、手链中。

　　OT扣（图10-6），顾名思义就是形状很像英文字母"OT"，链头一端是一根小棍子，另一端是一个圆圈。款式新颖时尚，很受顾客欢迎，但是有许多顾客反映容易脱扣，如果在长度允许的情况下，可以绕几圈再插入圈内，起到双重固定的作用。

图 10-5　螺旋扣　　　　　　　　　　图 10-6　OT 扣

　　普通的珠石项链都会使用"插棒扣"（图10-7），将小棒一头插入另一侧卡住就行，按压底部按钮就可以弹出小棒。

　　从腕表设计中衍生的搭扣（图10-8）操作较为简单，轻轻一扣就能闭合，且搭上之后平滑整齐。由于外观所占比例较大，搭扣的存在感较强，链扣往往会被当成珠宝的一部分而加以美化。在其表面增加一些点缀，起到锦上添花的作用。

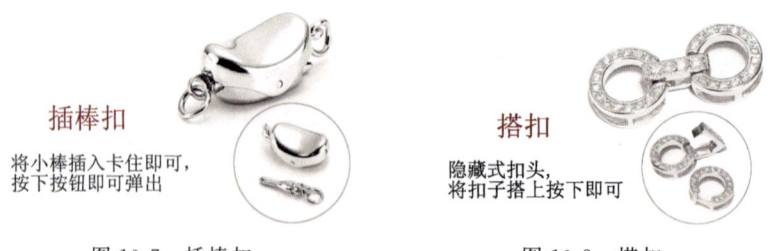

图 10-7　插棒扣　　　　　　　　　　图 10-8　搭扣

10.2　手链的种类

　　手链通常由细小的链节组成，可以灵活地缠绕在手腕上，适合各种手腕大小。它们的设计多样,有的简约大方,有的则镶嵌着各种宝石或装饰物,显得格外华丽。手链的材质也多种多样,有金属的、水晶的、皮革的,甚至还有编织的款式,满足不同人的喜好。相比之下,手镯则显得更为坚固和厚重。它们通常由单一的金属条或硬质材料制成,形成一个完整的环状结构。手镯的设计往往更为简洁,但也不乏一些复杂精细的雕刻和花纹。由于其硬式结构,手镯通常只适合特定的手腕尺寸,佩戴时需要选择合适大小的款式。手链的长度因佩戴者手腕大小的不同而不同,设计的时候长度一般在150～220mm之间,中间一般取40～70mm做设计。手链是一种手腕部的装饰品,采用活动性较强的封闭式的链条结构,并在两头焊接上相应的连接环节,如链扣和延长链等。手链按其结构可分为节链型、渐变节链型和锁片型。

10.3 手链的画法

10.3.1 手链的绘画过程

1. 宝石珍珠手链的画法

(1)绘制手链的基本形状(下笔要轻,方便修改)。确定手链的长度和宽度,进而画出手链的基本形状。根据红宝石和珍珠的大小和数量,来确定手链的整体形状和比例(图10-9a)。在绘制时,要注意手链的曲线和弧度,使其看起来自然流畅。

(2)确定线稿(勾勒边缘,下笔坚定)。在手链基本形态确定的基础上,进一步细化手链的线条,确定线稿。针对红宝石和珍珠,可以运用不同粗细的线条来表示它们的轮廓和质感(图10-9b)。

(3)深化手链的细节和质感。运用多样的线条和阴影来表现宝石和珍珠的光泽和立体感。红宝石可以画得稍深,以突出其鲜艳的红色;珍珠则借助使用柔和的线条和渐变的阴影来表现其光滑的质感。此外,还可以在手链的链条部分添加一些细节,如链环的连接处和链条的纹理等,以增加手链的真实感和立体感(图10-9c)。

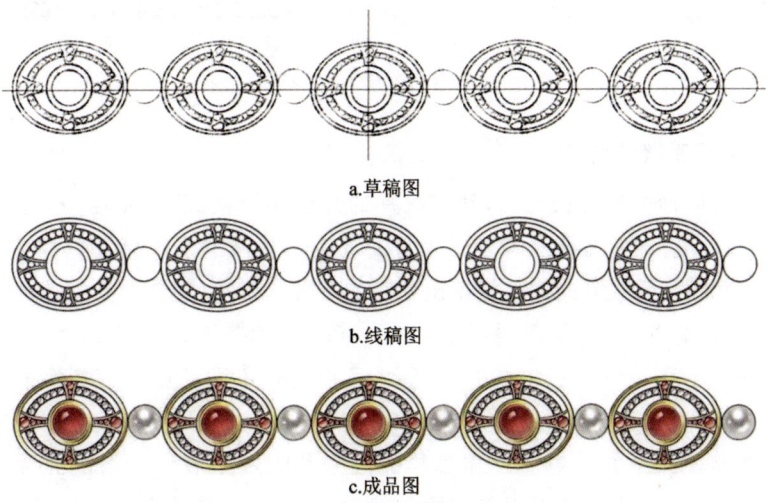

图10-9 宝石珍珠手链绘画过程

2. 方形红宝石手链的画法

(1)描绘红宝石的基本形状(下笔要轻,方便修改)。确定手链的基本形状(方形)和长度,进而在纸上勾勒出手链的轮廓画出红宝石的基本形状,根据手链链节的分布以及红宝石的大小来确定手链的整体形状和比例(图10-10a)。在绘制时,红宝石的大小和形状可以有所不同,以增加手链的多样性和立体感。

(2)确定线稿(勾勒边缘,下笔坚定)。在手链基本形态确定的基础上,进一步细化手链的线条,确定线稿。针对红宝石的轮廓,可以运用不同粗细的线条来表示它们的轮廓和质感(图10-10b),突出金属的棱角。

(3)深化手链的细节和质感。运用多样的线条和阴影表现出红宝石的立体感。使用鲜艳的颜色,给每颗红宝石填充颜色。注意颜色的深浅和渐变,使红宝石看起来更加立体和生动。在给手链的金属部分上色时,可以选择金色或银色,以突出红宝石的华丽感。在添加光影效果时,可以通过阴影和亮部的对比,使红宝石和手链看起来更加立体和有层次感(图10-10c)。

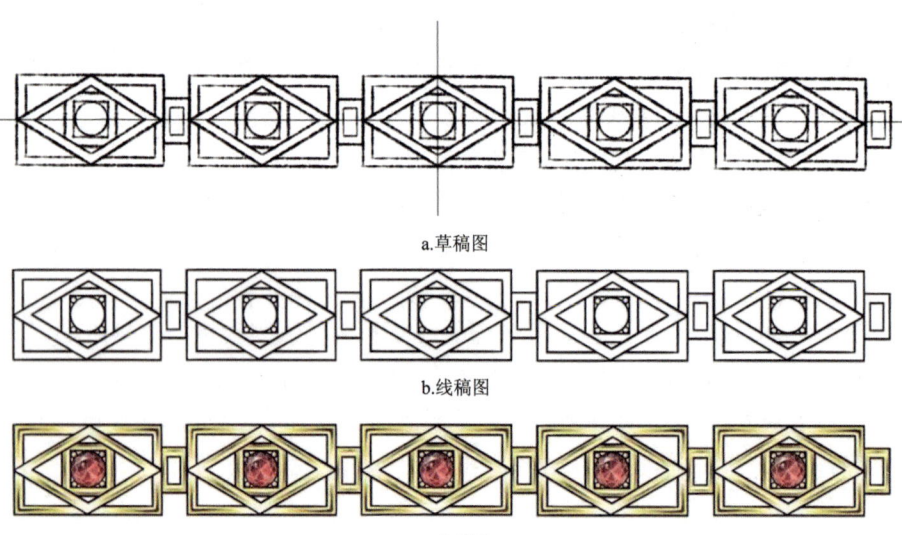

a.草稿图

b.线稿图

c.上色图

图10-10 方形红宝石手链绘画过程

3. 花卉红宝石手链的画法

(1)根据花卉的种类和生长习性,确定花卉的大小和形状(下笔要轻,方便修改)。确定手链的基本形状和长度,进而在纸上勾勒出手链的轮廓和花瓣的层次感和卷曲度。注意花瓣的线条要流畅。绘画时,用细腻的线条描绘出花卉的纹理和质感,使画面更加逼真(图10-11a)。

(2)确定线稿(勾勒边缘,下笔坚定)。在手链基本形态确定的基础上,进一步细化手链的线条,确定线稿。刻画红宝石的质感和光泽,可以运用不同粗细的线条来表示红宝石的轮廓和质感,使画面中的红宝石熠熠生辉(图10-11b)。

(3)深化手链的细节和质感。运用多样的线条和阴影来表现宝石的光泽和立体感。红宝石可以选择红色和深红色来表现其华丽和贵重感。此外在红宝石的边缘点上高光,增强光泽和立体感。花卉则根据种类,选择合适的颜色,注意色彩的层次感和渐变效果,使用不同深浅的颜色来表现出花瓣的立体感和光影效果(图 10-11c)。

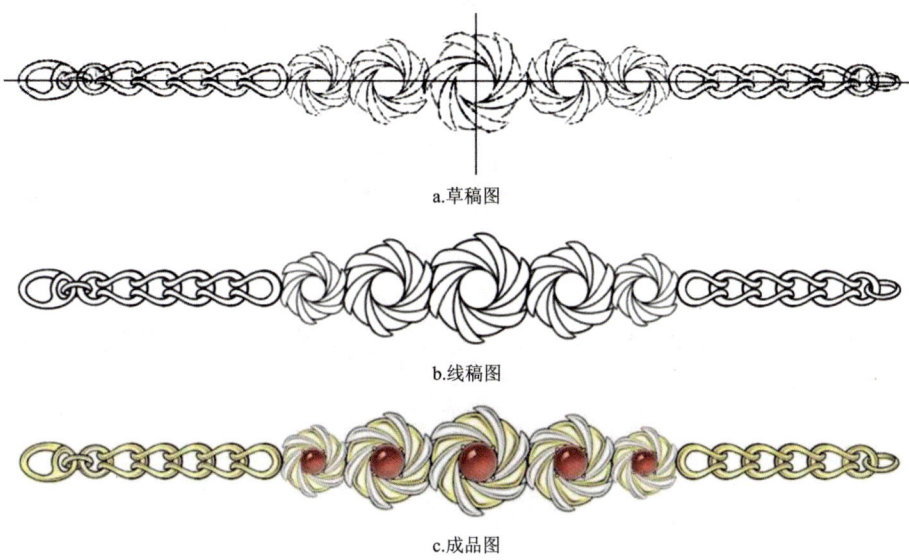

a.草稿图

b.线稿图

c.成品图

图 10-11　花卉红宝石手链绘画过程

4. 纹样珍珠手链的画法

(1)构思好纹样珍珠手链的整体设计和风格,确定手链的基本形状(下笔要轻,方便修改)。确定手链的长度、宽度以及珍珠的大小和数量,并根据纹样的样式和布局,来确定手链的整体形状和布局。在绘制时,要注意手链的曲线和弧度,使其看起来自然流畅(图 10-12a)。

(2)确定线稿(勾勒边缘,下笔坚定)。在确定手链的基础上,进一步细化手链的线条,确定线稿。可以运用不同粗细的线条来表示它们的轮廓和质感。设计好的纹样,则可使用不同的线条和笔触来表现纹样的质感和立体感,使其看起来更加生动和有趣(图 10-12b)。

(3)深化手链的细节和质感。运用多样的线条和阴影来表现珍珠的光泽和立体感,阴影部分可以使用比底色稍深的颜色,轻轻地在珍珠的边缘或凹陷处涂抹,以表现出珍珠的立体感。纹样则可以根据整体风格和需要来选择合适的颜色。在填充颜色时,要注意色彩的层次感和渐变效果,使画面看起来更加立体和生动。此外,还可以添加阴影和高光增强画面的立体感和质感(图 10-12c)。

2. 星空蓝宝石手链的画法

(1)描绘蓝宝石的基本形状(下笔要轻,方便修改)。确定手链的基本形状(菱形)和长度,进而在纸上勾勒出手链的轮廓,画出蓝宝石的基本形状。注意手链的链节的分布以及红宝石的大小来确定手链的整体形状和比例。在绘制时,注意手链上的连接点,即每一颗宝石与手链主体的交接处,应当描绘得自然而流畅,使得整个手链看起来浑然一体(图 10-13a)。

(2)确定线稿(勾勒边缘,下笔坚定)。在确定手链的基础上,进一步细化手链的线条,确定线稿。针对蓝宝石的轮廓,可以运用不同粗细的线条来表示它们的轮廓和质感(图 10-13b)。

(3)深化手链的细节和质感。运用多样的线条和阴影来表现蓝宝石的光泽和立体感。

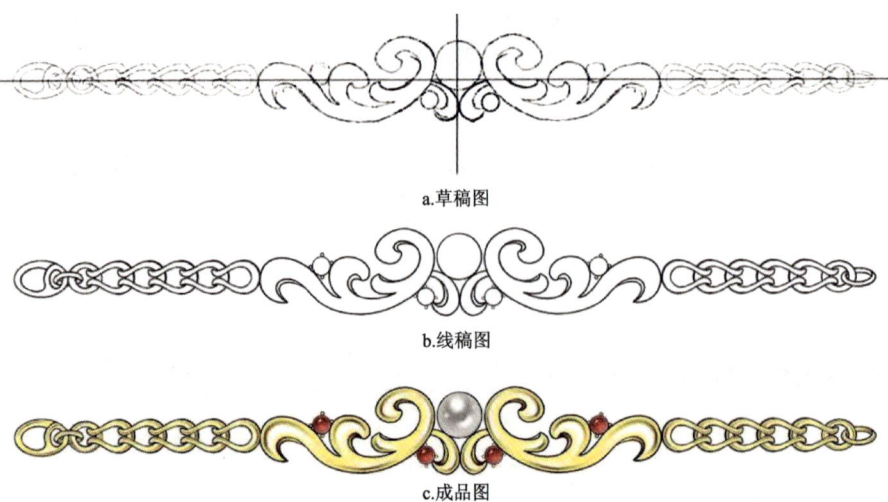

a.草稿图

b.线稿图

c.成品图

图 10-12　纹样珍珠手链绘画过程

蓝宝石在颜色上,我们要以深蓝色为主调,用细致的笔触描绘出宝石的深邃和神秘。在手链的金属部分可以增加一些反光,让金属质感得以体现。此外,还可以在手链的周围添加一些淡淡的阴影,以增强手链的立体感(图 10-13c)。

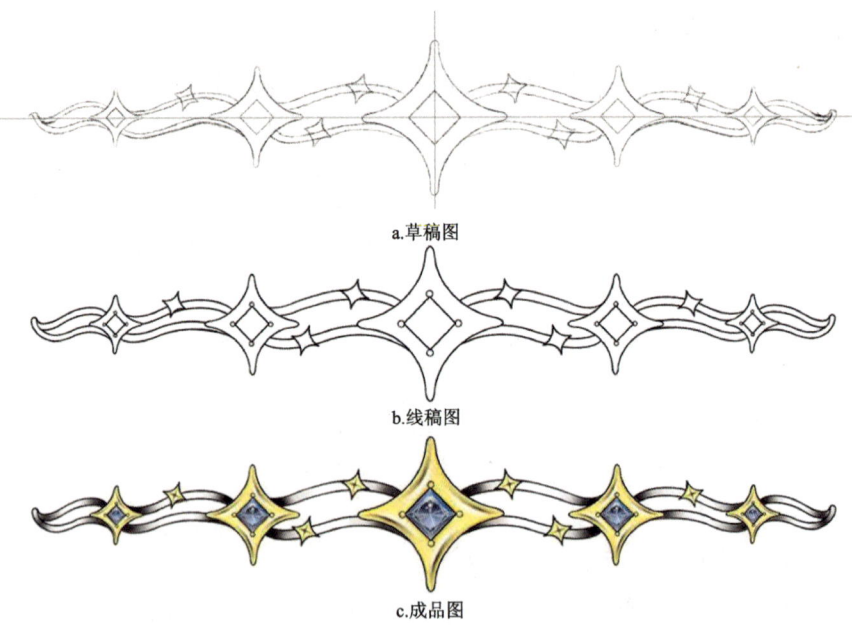

a.草稿图

b.线稿图

c.成品图

图 10-13　星空蓝宝石手链绘画过程

6. 银杏珍珠手链的画法

(1)确定手链的基本形状(下笔要轻,方便修改)。确定手链的长度、宽度以及珍珠的大小和数量,并考虑银杏叶的样式和布局,确定手链的整体形状和布局。在绘制时,要注意手链的曲线和弧度,使其看起来自然流畅(图 10-14a)。

(2)确定线稿(勾勒边缘,下笔坚定)。在确定手链的基本情况上,进一步细化手链的线条,确定线稿。针对珍珠的轮廓,可以运用不同粗细的线条来表示它们的轮廓和质感。设计好的银杏叶,可使用不同的线条和笔触来表现质感和立体感,使其看起来更加生动和有趣(图 10-14b)。

(3)深化手链的细节和质感。运用多样的线条和阴影来表现珍珠和银杏叶的光泽和立体感。珍珠阴影部分可以使用比底色稍深的颜色,轻轻地在珍珠的边缘或凹陷处涂抹。银杏叶注意边缘或凸起部分轻轻涂抹,以形成高光效果。此外,在叶子的凹陷部分或与其他部分的交界处,添加一些反光,使金属质感更加突出(图 10-14c)。

图 10-14 银杏珍珠手链绘画过程

10.3.2 手链临摹案例

手链临摹案例见图 10-15～图 10-20。

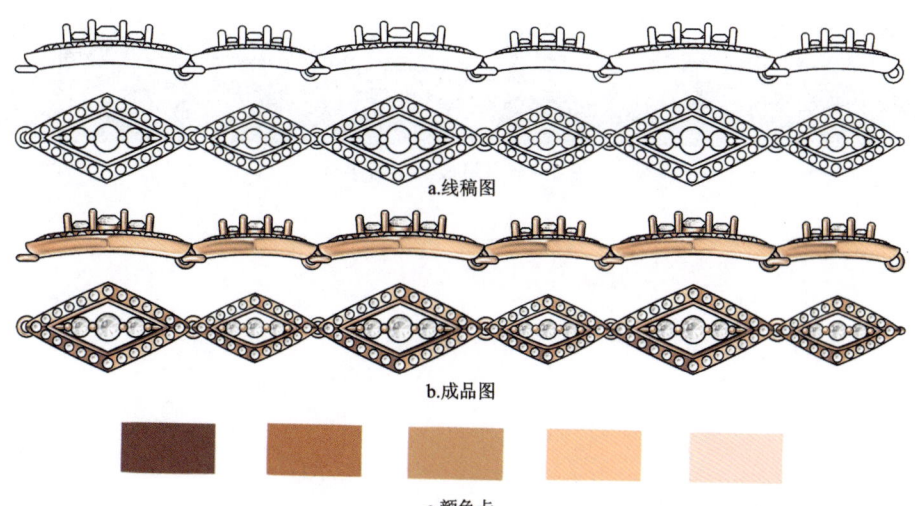

图 10-15 钻石玫瑰金手链

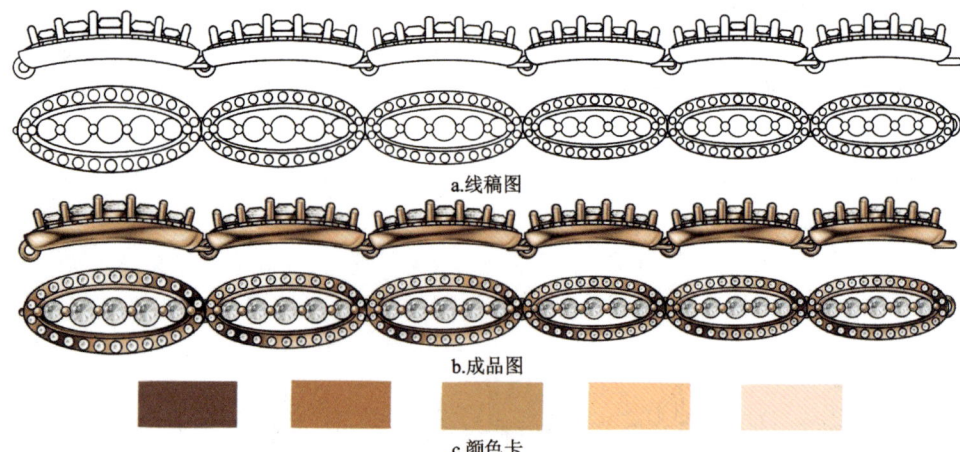

a.线稿图

b.成品图

c.颜色卡

图 10-16　星河钻石手链

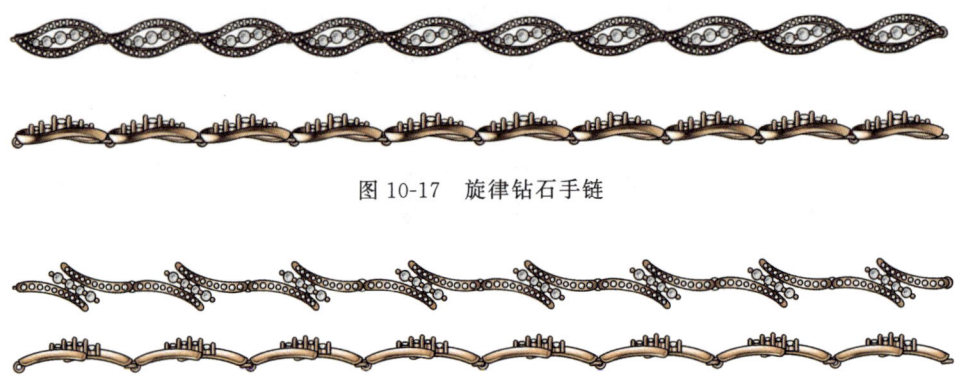

图 10-17　旋律钻石手链

图 10-18　飞舞钻石手链

图 10-19　星辰红宝石手链

第11章 商业款套件临摹

11.1 珠宝套件介绍

珠宝一般两件以上可成套,常见套装有三件套、四件套等。另外,还可以根据款式造型确定套装数量。常见的三件套一般包括戒指、耳饰和吊坠。五件套一般包括吊坠、胸针、戒指、手链/手镯、耳饰。套装要有相同点,也就是主要元素,可提取某一部分做方向改变,主题风格、工艺和材质一般要求一致。

临摹是一种学习绘画技巧和艺术表现形式的重要方法,尤其是在绘制珠宝和饰品设计时。对于商业款套件的临摹,学生临摹的时候自己分析原作品的结构、比例、宝石等要素,来提升绘画技巧和创作能力。

11.2 商业款套件案例

11.2.1 绿宝石套件

在临摹绿宝石套件时,我们首先需要仔细观察原作品,了解套件的整体风格和细节特点。接下来,我们可以按照以下步骤进行绘制。

(1) 绘制草图:确定套件的基本形状和大小,然后用铅笔在画纸上画出大概的形状(下笔要轻,方便修改),然后勾勒出套件的大致形状和轮廓(下笔坚定)(图11-1a、d、g)。

(2) 暗部塑造:根据金属和绿宝石的性质、颜色整体铺色,接着用比较深的颜色作为暗部过渡色。注意过渡的时候需要自然,切忌生硬(图11-1b、e、h)。

(3) 刻画高光:根据光的来源,画出宝石的刻面。接着找出各部位的明暗交界线和高光的位置,再用最小号的笔加深阴影部分、提亮高光部分(图11-1c、f、i)。

通过以上的步骤,我们可以逐渐掌握商业款套件的绘制技巧,并在临摹的过程中不断提升自己的绘画水平和创作能力。我们也可以通过学习原作品中的设计理念和风格特点,来丰富自己的艺术修养和审美观念。

图11-1 绿宝石套件的绘制

11.2.2 方形红宝石玫瑰套件

套件以方形红宝石为主石,选择玫瑰元素,搭配简约而精致的金属框架,营造出高贵而典雅的气质。接下来,我们可以按照以下步骤进行临摹绘制。

(1)绘制草图:确定套件的基本形状、大小,并根据钻石的大小和数量,勾勒出套件的大致形状和轮廓。注意要保持整体的比例和平衡感及线条的流畅(图11-2a、d、g)。

(2)整体铺色:根据金属和红宝石的性质、颜色整体铺色。接着用比较深的颜色作为暗部过渡色。注意过渡的时候需要自然,切忌生硬(图11-2b、e、h)。

(3)刻画高光:根据光的来源,画出红宝石的刻面。接着找出各部位的明暗交界线和高光的位置,进而用高光笔画出高光,使整体看起来更有立体感(图11-2c、f、i)。

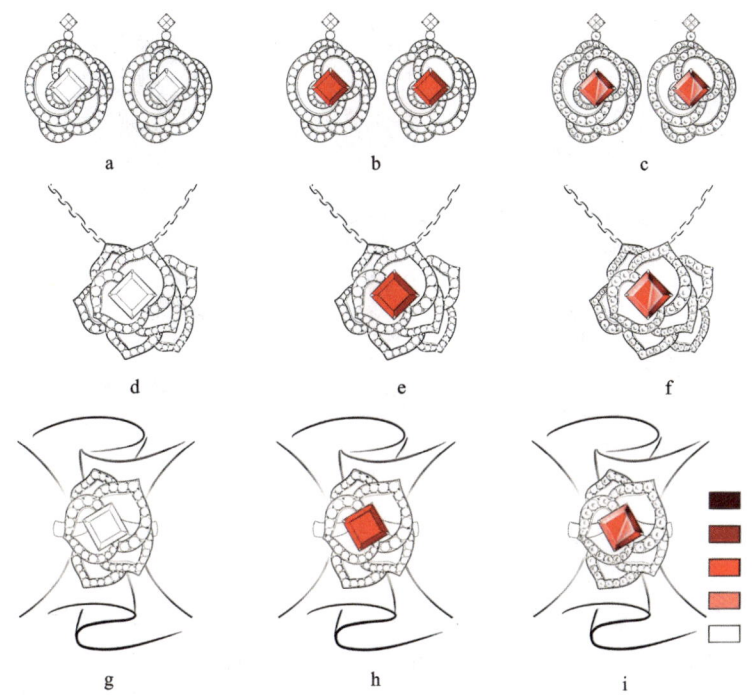

图11-2　方形红宝石玫瑰套件的绘制

11.2.3　水滴形红宝石套件

(1)绘制草图:确定套件的基本形状和大小(可以利用水滴形和圆形模板),进而勾勒出套件的大致形状和轮廓。注意要保持整体的比例和平衡感及线条的流畅(图11-3a、d、g)。

(2)整体铺色:根据金属和红宝石的性质、颜色进行整体铺色(图11-3b、e、h)。

(3)刻画高光:根据光源方向,画出红宝石的刻面,接着找出各部位的明暗交界线和高光的位置,进而用较小号的笔画出高光(图11-3c、f、i)。

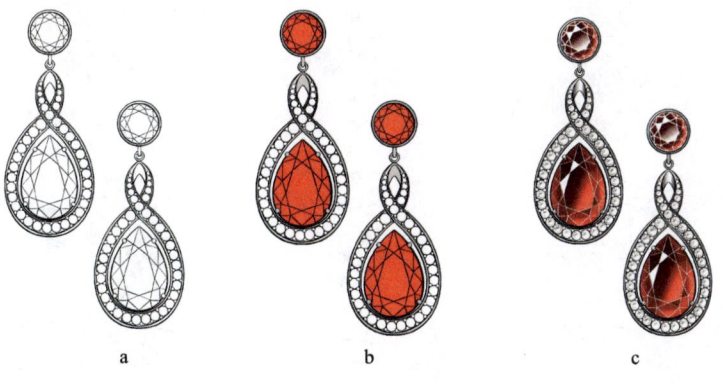

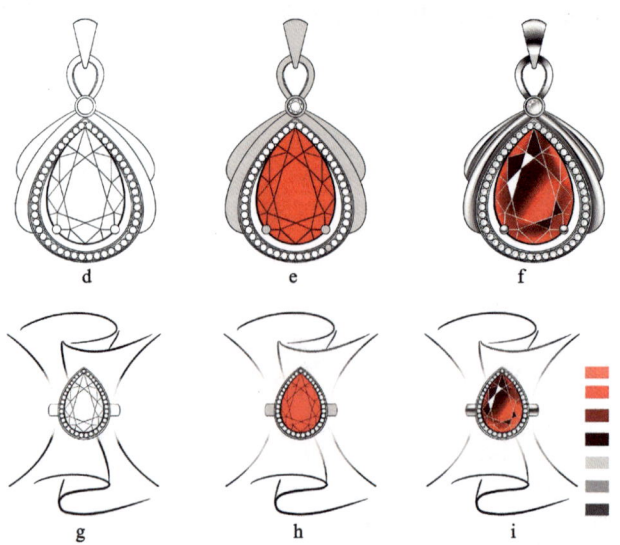

图 11-3 水滴形红宝石套件的绘制

11.2.4 蓝宝石套件

(1) 绘制草图:确定套件的基本形状和大小,进而勾勒出套件的大致形状和轮廓。注意要保持整体的比例、平衡感以及线条的流畅性(图 11-4a、d、g)。

(2) 整体铺色:根据金属和蓝宝石的性质、颜色进行整体铺色(图 11-4b、e、h)。

(3) 刻画高光:根据蛋面和刻面的性质,找出各部位的明暗交界线和高光的位置,画出高光和反光(图 11-4c、f、i)。

图 11-4 蓝宝石套件的绘制

11.2.5 钻石套件

认真观察套件的每一个细节,包括宝石的形状、金属的光泽、镶嵌爪的精细度等。

(1)绘制草图:根据钻石的大小和数量,确定钻石的分布。在确定套件的基本形状和大小后,勾勒出套件的大致形状和轮廓(图 11-5a、d、g)。

(2)整体铺色:根据金属和钻石的性质、颜色进行整体铺色(图 11-5b、e、h)。

(3)刻画高光:根据光源方向,画出钻石的刻面,接着找出各部位的明暗交界线和高光的位置,用较小号的笔画出高光(图 11-5c、f、i)。

图 11-5　钻石套件的绘制

11.3　商业款套件欣赏

商业款套件欣赏作品如图 11-6～图 11-11 所示。

图 11-6　三件套手绘效果图（陶怡欣同学作品）

项链　　耳饰　　戒指

图 11-7　三件套手绘成品图（梁雯同学作品）

吊坠款　　耳饰款　　戒指款

图 11-8　陈彬桦作品

图 11-9　黄昭雯同学作品

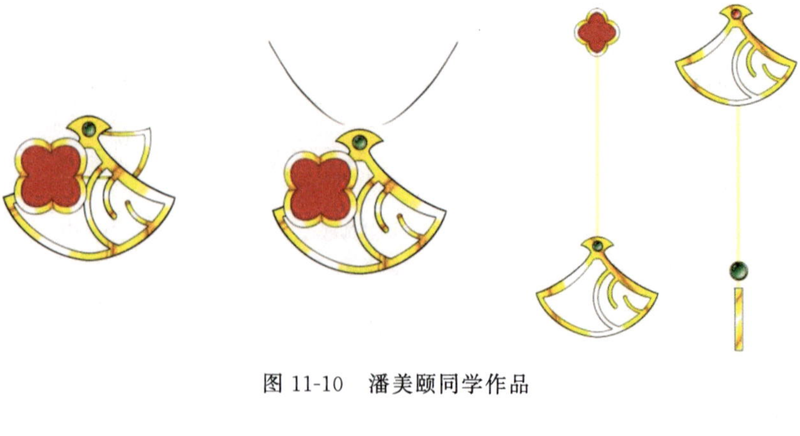

图 11-10　潘美颐同学作品

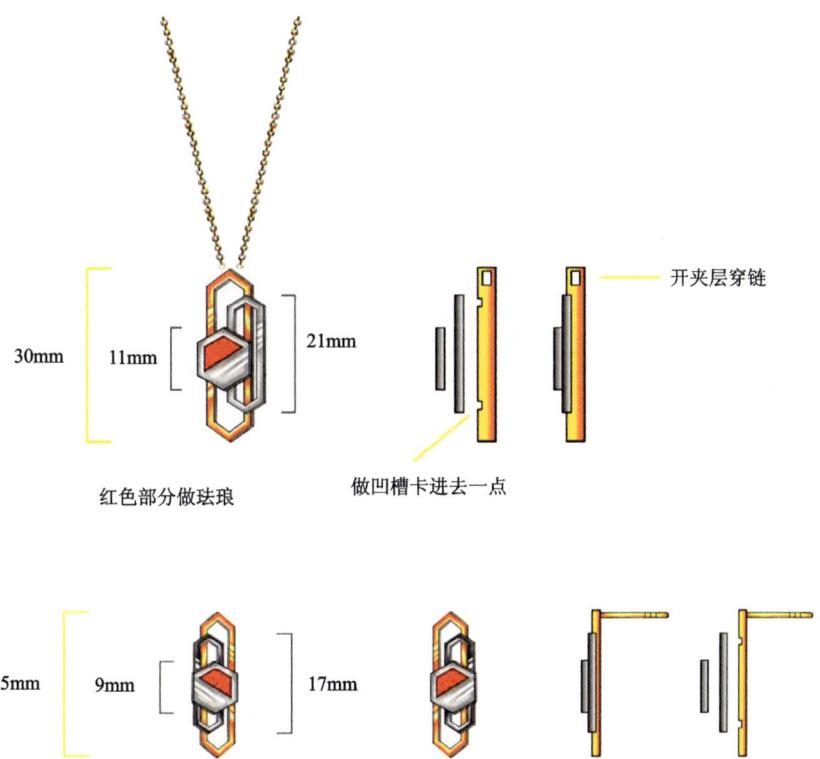

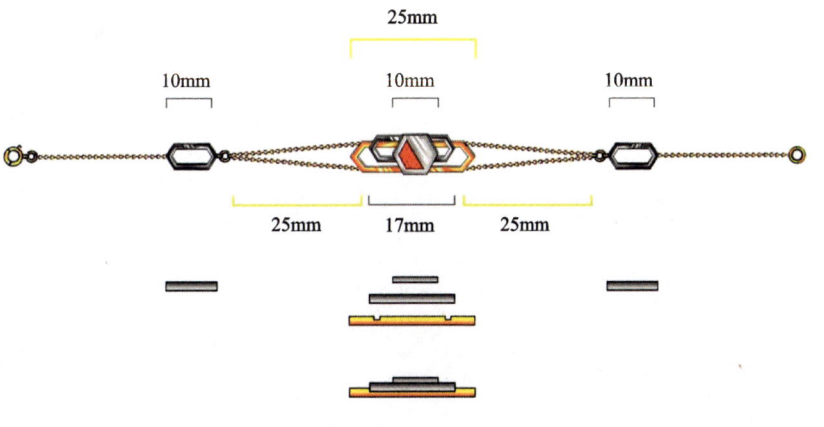

图 11-11　陶怡欣同学作品

下篇
首饰设计

第12章 入门——首饰创意设计

12.1 造型视觉原理（形式美原理与法则）

12.1.1 变化与统一（图 12-1）

变化与统一是形式美的总法则。变化与统一是相互矛盾、相互联系、相互依存的，二者缺一不可。在变化中求统一，在统一要求下进行变化，做到整体统一，局部变化要服从整体。图案造型的变化统一包括形的大小、方圆、长短、粗细、动静、曲直等；色彩的变化统一包括色彩的冷暖、色相、明暗、纯度等对比变化统一等。

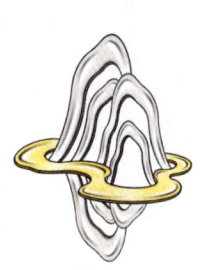

图 12-1　变化与统一的图片和首饰

12.1.2 对称与均衡（图 12-2）

对称与均衡最传统且普通的内容是左右对称，使图形产生平稳关系。对称一般以镜面对称的轴心线、十字线、对角线、向心线、旋转线等分割空间，具有严谨、有序的特点；放射对称,即以一点为中心,形态向外放射或向内集中的多面对等。对称更多地体现着一种自然状态,我们周围的事物多呈现对称的形态,如树叶、雪花等。对称图形具有平稳、安定、整齐的效果,体现出秩序感和理性。均衡也称平衡,并不是物理上的平衡,而是视觉上的均衡,一般以"0"形线、"S"形线、"Z"形线、直线等分割空间。它不受中轴线和中心点的限制,没有对称的结构,但是有对称式的中心。

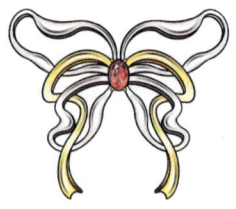

图 12-2　对称与均衡的图片和首饰

12.1.3　节奏与韵律(图 12-3)

节奏与韵律是音乐中最重要的表现手段之一。节奏是指运动变化有规律地交替连续的节拍,韵律是指运动变化的高低起伏、强弱长短所形成的优美而和谐的趋势和韵味。这种节奏与韵律也是源于大自然中万物的生长与运动规律,如动物的心跳、大海的潮涨潮落、沙漠山谷的绵延起伏、植物生长的动势构造等都充满了节奏韵律感。

图 12-3　节奏与韵律的图片和首饰

12.1.4　比例与权衡(图 12-4)

比例即在图案设计中形状的长短、面积的大小等存在一定的规律,运用数学中的比例使其产生秩序美感。权衡即相互参照,具有衡量的意义,是指人们根据视觉审美习惯,对事物的美丑所进行的判断。图案的比例包括造型与空间、形象之间以及色彩之间多方面的关系,在设计中要根据实际用途与审美的需求来设定不同的比例尺度,恰当地安排画面的比例关系,从而达到整体的协调与统一。但权衡往往凭借经验和感觉,而无固定的形式法则。

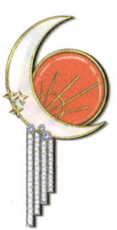

图 12-4　比例与权衡的图片和首饰

12.1.5　条理与反复(图 12-5)

条理与反复是形态设计组织构成的重要原则,是构成秩序美感的重要因素。条理是对事物有规律、有秩序的组织和安排,是使物象单纯化、整齐化、统一化的重要手段。在图案中,花瓣纹理排列整齐、叶脉处理手法一致、造型归一、线条均匀,点线描绘到位,面形平整洁净等,都是实现条理化的有效方法。反复是将相同的形象或单位纹样以某种形式有规律地重复排列,给人以单纯、整齐的美感。图案的许多构成形式均具有反复的性质,如对称、二方连续、四方连续等。

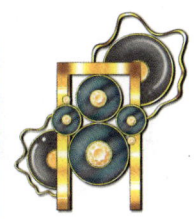

图 12-5　条理与反复的图片和首饰

12.1.6　对比与调和(图 12-6)

对比与调和是变化与统一原则的重要体现,对比使事物双方充分展示个性特点,增强视觉刺激感,而调和是协调矛盾,使个性化的图案趋于统一。对比是强调变化,调和是将性质相同或类似的形象要素进行配合,以缓解差异和矛盾,如圆与圆、蓝与蓝绿、方圆结合、刚柔相济、表现技法的同一和类似等。调和多采用渐变或近似的手法来统一画面,以达到和谐、安静的艺术效果。对比表现的主要形式:①元素对比,大小、轻重、粗细、疏密、曲直等;②虚实对比;③色彩对比。对比和调和往往是相辅相成的,调和形式主要表现在强化和减缓对比等方面。

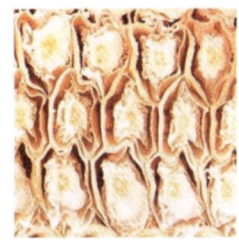

图 12-6　对比和调与的图片和首饰

12.2 素材的提炼

首饰设计,集艺术与技术于一体,其创作灵感无处不在。从日常生活中的一景一物,到自然界中多样性的生物,再到底蕴深厚的历史文化,都是设计师取之不竭的灵感源泉。作为首饰设计创作者,我们需要具备敏锐地捕捉设计素材的能力,从而将这些素材转化为独特的设计语言,展现出个性化的设计风格。

要想捕捉和提炼首饰设计素材,首先需要培养观察力。观察力是设计师的眼睛,通过观察我们可以发现生活中的美好瞬间,捕捉到那些被忽视的设计元素。我们要学会观察身边的人和事,以此为素材,创作出富有情感和故事的首饰作品。

其次要善于提炼素材中的设计元素。这需要我们具备一定的审美能力和设计素养,能够从众多素材中提炼出最具代表性的设计元素,加以创新和运用。提炼过程实际上是设计师对素材进行二次创作的过程,通过提炼,使设计素材更具表现力和感染力。同时,要学会将素材进行创新性的转化,使之成为独具特色的设计元素。这种转化可以是形式上的改变,也可以是内涵上的提升,关键在于如何巧妙地运用素材,展现设计师的独特匠心。

最后捕捉与提炼首饰设计素材的方法多种多样,关键在于我们如何去发现、提炼和创新。在素材的捕捉与提炼中,逐渐形成设计思维,从而打造出独具个性的首饰作品。让我们一起努力,用敏锐的观察力去发现生活中的美好,用智慧的头脑去创造独特的设计作品,让首饰设计作品充满故事与情感。

12.2.1 从自然元素中提炼

自然界,这个神奇而广阔的舞台,不仅孕育了丰富多样的生物,也赋予了设计师取之不尽、用之不竭的灵感宝藏。大自然中的美好事物无处不在,无论是繁花似锦的植物,还是形态各异的动物,抑或壮观的自然景观,都成为了设计师获取创意的源泉。接下来,我们将探讨如何从自然中捕捉设计元素,对其进行提炼与加工设计,最终创作出独具特色的首饰作品。首先,我们需要学会观察自然,以便在众多自然元素中找到最适合的那一部分;其次,对捕捉到的设计元素进行提炼,将原始的自然元素进行抽象化和简化,提取最具代表性的特征;最后,将提炼后的设计元素进行设计加工,用各种设计技巧和手法,如线条、色彩、材质等,对抽象元素进行细化和丰富。每一个环节都需要设计师用心去体会和创作。只有充分挖掘大自然的美好,才能创作出独具特色的首饰作品,让佩戴者感受到自然与艺术的完美结合。

12.2.1.1 写实法

写实法,作为一种艺术创作手法,力求让作品的外形和结构与实物基本相似,达到逼真的视觉效果。这种手法注重对现实物体的忠实描绘,追求真实与客观。在写实法的提炼过程中,要清晰地区分主要和次要元素,重点突出主要部分,而次要部分则相对弱化,避免分散观者的注意力。

写实法的优点在于通过对现实生活的精细描绘,能够引发观众对现实问题的思考,具有很强的现实意义。写实法也存在一定的局限性,写实法作品有时过于关注现实生活的细节,可能导致作品缺乏一定的想象空间和艺术创新。

设计过程:①选取设计元素;②提炼轮廓型,画出草图,注意抓住其主要特征,线条要流畅优美;③细化设计,镶嵌宝石;④完成上色,注意颜色的搭配,体现设计美感(图 12-7~图 12-9)。

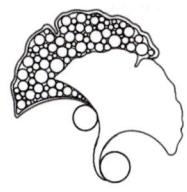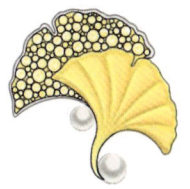

图 12-7　银杏叶胸针设计过程

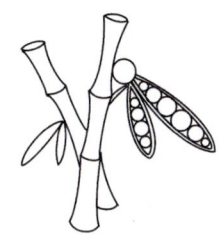

图 12-8　竹子胸针设计过程

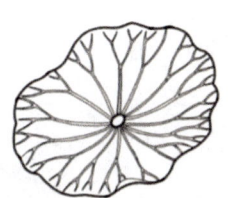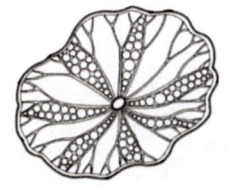

图 12-9　荷叶胸针设计过程

12.2.1.2　联想法

这种设计方法要求先对研究对象进行深入的结构特征分析,设计师需要充分理解物象的本质特征,将其提炼成最具代表性的设计元素。接下来是抽象化,设计师要对提炼出的元素进行简化、概括和抽象,这个过程需要设计师具有丰富的联想力和想象力,能够从具体的物象中看到抽象的本质。抽象表现主义的设计方法,因其独特的设计思路和丰富的表现力,被广泛应用于各类设计领域。它强调设计师的个性化和创新,使得每一件作品都具有独特的魅力和设计感(图 12-10～图 12-14)。

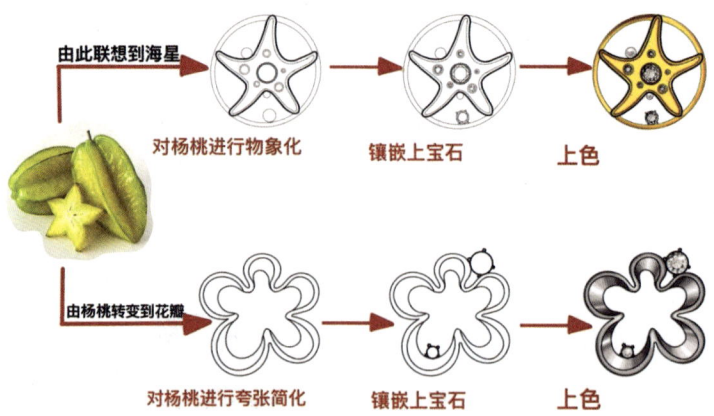

图 12-10　杨桃联想设计过程

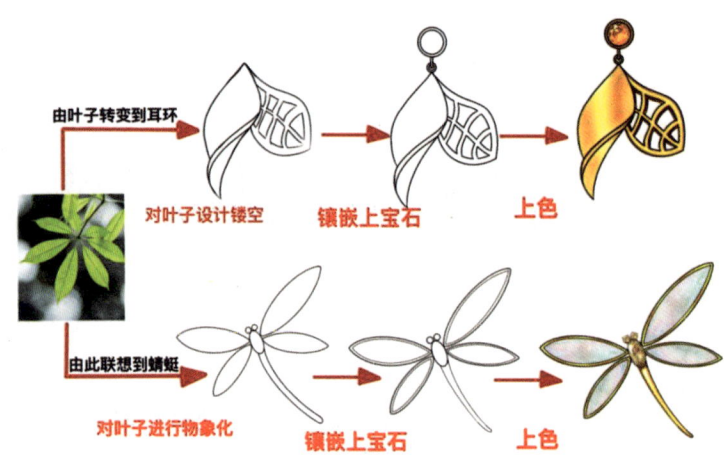

图 12-11　叶子联想设计过程

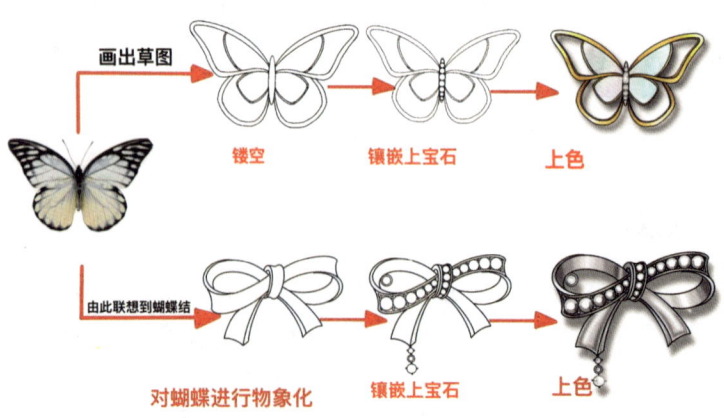

图 12-12　蝴蝶联想设计过程

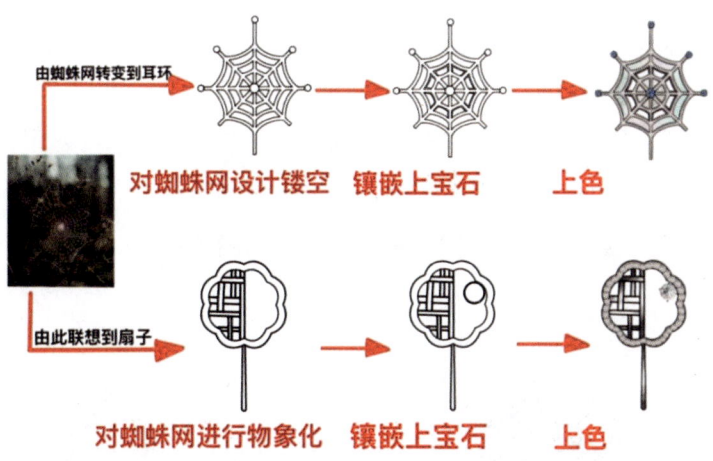

图 12-13　蜘蛛网联想设计过程

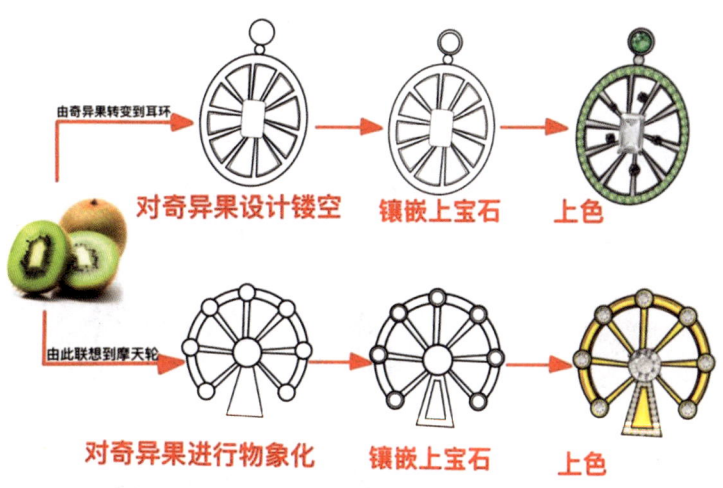

图 12-14　猕猴桃联想设计过程

12.2.2　从建筑中提炼

首饰设计元素还可以从建筑中提取。建筑作为人类文明的瑰宝，为设计师提供了无尽的创意空间。从古老的宫殿庙宇到现代的摩天大楼，建筑以其独特的形态、线条和材质，为首饰设计带来了丰富的灵感和可能性。设计师需要在理解建筑精髓的基础上，将其与首饰设计的理念和技法相结合，创造出独特而富有创意的作品。这既是对建筑艺术的致敬，也是对首饰设计艺术的拓展和提升。

捕捉素材是提炼首饰元素的第一步。在这一阶段，我们需要仔细观察和感受建筑的整体风格和细节特征，如独特的线条、精美的雕刻或富有象征意义的图案。

提取图形是提炼首饰元素的关键步骤。我们需要将捕捉到的建筑素材转化为可应用于首饰设计的图形元素，注意保持图形的简洁性和可识别性，以便在首饰设计中能够清晰地展现建筑的特色。

接下来，优化设计，将提取出的图形元素与首饰的款式、材质和工艺相结合，创造出独特而富有艺术感的首饰作品。

最后，画效果图。效果图可以帮助我们更直观地了解设计的实际效果，运用色彩、光影和透视等技巧，使画面更加生动和逼真。

12.2.2.1　苏式镂空花窗设计过程（图 12-15、图 12-16）

图 12-15　苏式镂空花窗设计过程

图 12-16　苏式镂空花窗设计案例

12.2.2.2 园林里的"宝葫芦"设计过程(图 12-17、图 12-18)

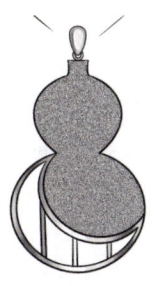

图 12-17 园林里的"宝葫芦"设计过程

图 12-18 园林里的"宝葫芦"设计案例

12.2.3　从图案中提炼

首饰设计的灵感也可以来源于平面的图案,例如中国传统纹样,承载着悠久的历史与文化底蕴,为现代首饰设计师提供了丰富的素材。在设计时,先要对平面图案进行解构与提取,分析每个元素的形状、线条、色彩等特点,从而找到适合首饰设计的元素。这些元素可能是纹样中的某个局部,也可能是整个纹样的构图方式或色彩搭配。

在提取出适合的元素后,再进行重组与创新。根据首饰的材质、工艺和佩戴者的需求,将这些元素进行重新组合与搭配,创造出全新的首饰作品。不断地尝试与调整,能够赋予图案新的生命与意义,使首饰作品既具有传统韵味,又符合现代审美。

12.2.3.1　敦煌莫高窟 127 窟纹样设计过程(图 12-19、图 12-20)

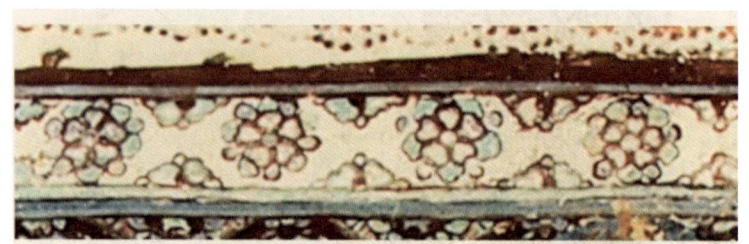

图 12-19　敦煌莫高窟 127 窟纹样

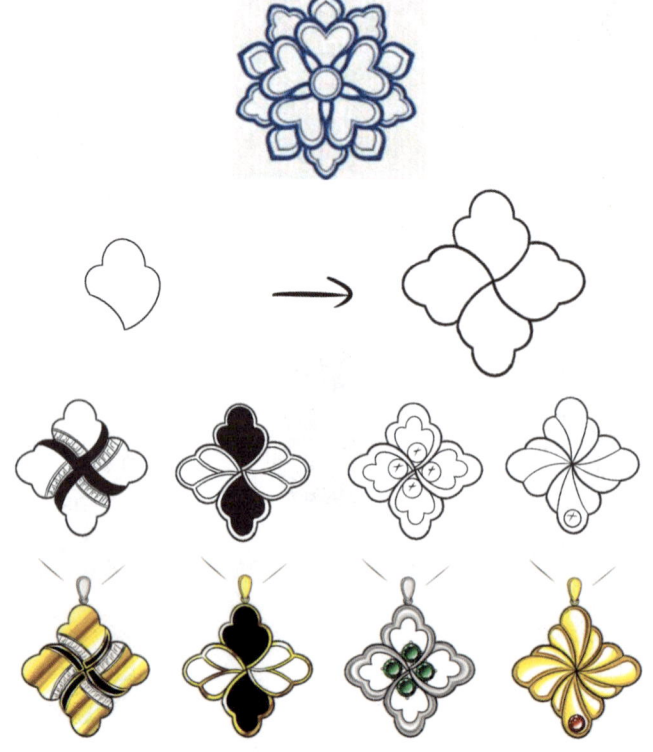

图 12-20　敦煌莫高窟 127 窟纹样设计过程

12.2.3.2 中国传统花边纹样设计过程(图 12-21、图 12-22)

图 12-21 中国传统花边纹样(设计素材)

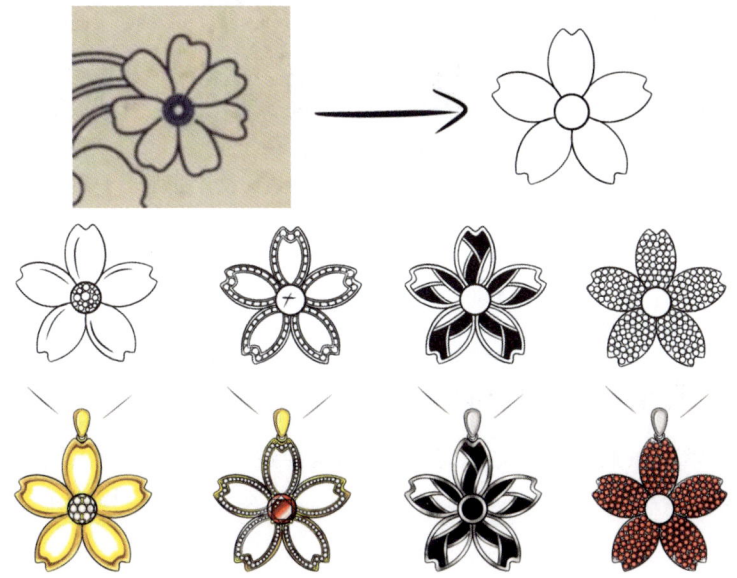

图 12-22 中国传统花边纹样过程

12.2.3.3 中国传统纹样——钱纹设计过程(图 12-23、图 12-24)

图 12-23 中国传统纹样——钱纹(设计素材)

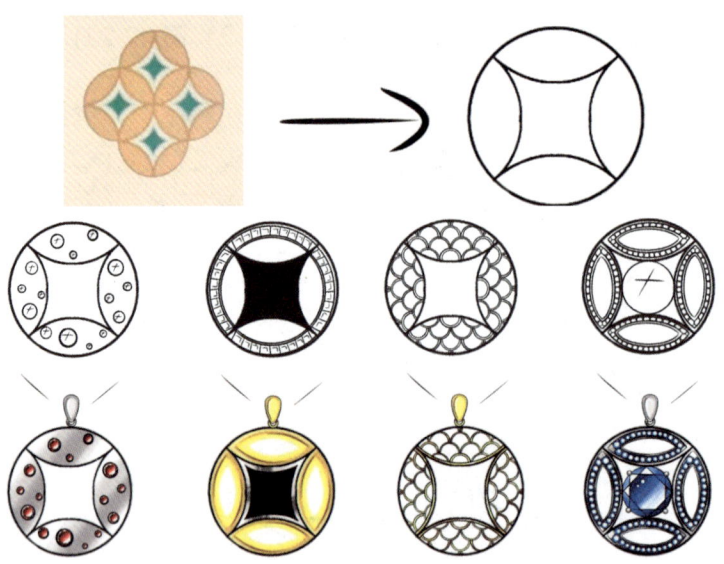

图 12-24　中国传统纹样——钱纹设计过程

12.3　首饰的变形设计

12.3.1　戒指的变形设计

戒指作为最常被佩戴的首饰之一，其设计的重要性不言而喻。为了创造出独特而富有吸引力的戒指，我们可以从一个基本元素出发，通过对其进行变形和转化，从而实现设计的创新和个性化。

首先，我们可以选择一个简单的元素，如圆形、方形、三角形等，作为戒指的基本型。这个基本型可以是戒指的轮廓，也可以是戒指上的装饰元素。例如，我们可以选择一个简单的圆形作为戒指的轮廓，然后在这个轮廓上进行变形和装饰。

其次，我们可以通过各种设计手法对这个基本型进行变形。变形可以是对形态的扭曲、拉伸、旋转等，也可以是对色彩、纹理的改变。例如，我们可以将圆形扭曲成一个不规则的椭圆形，或者将圆形拉伸成长条状，从而在视觉上创造出一种动感和张力。

在变形的过程中，我们还可以加入各种装饰元素，如宝石、金属线条、镂空结构等，以增加戒指的层次感和视觉吸引力。这些装饰元素可以根据设计的需求进行巧妙地排列和组合，从而创造出一种独特而富有创意的设计效果。

除了对基本型的变形和装饰，我们还要考虑戒指的功能性和佩戴舒适性。例如，在设计中要考虑到戒指的大小、厚薄、质量等因素，以确保戒指既美观又舒适。

最后，从一个元素出发进行戒指的变形设计，可以让我们在设计中保持清晰的思路和方向（图 12-25）。通过巧妙的变形和装饰，我们可以创造出独特而富有吸引力的戒指作品，满足人们对美的追求和表达。在未来的珠宝设计中，我们可以继续探索和实践这种设计方法，创造出更多令人惊艳的作品。

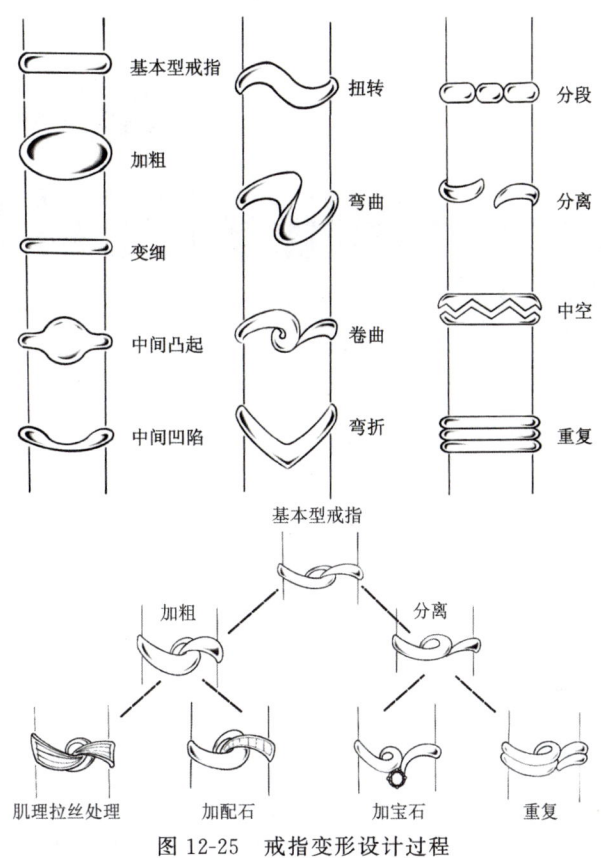

图 12-25　戒指变形设计过程

12.3.2　吊坠的变形设计

吊坠的变形设计可以从设计方法，宝石及首饰工艺等多方面进行。本次变形采用加粗、重复、加主石、加配石、喷砂处理、珐琅填充进行设计（图 12-26）。

图 12-26　吊坠变形设计过程

第13章 基础——商业款三件套（设计）

13.1 套装珠宝设计案例

套装珠宝的地位近年来得到了很大的提升，受到了很多人的青睐。这些别具匠心的创意，更具新意；独特，更加符合现代人的追求个性的心理。套装珠宝通常由同色、同料、造型格调风格统一的项链或者吊坠、耳环、戒指等相配而成。套装珠宝的主件一般为项链或者吊坠。套装珠宝配色要协调，给人的印象整齐、和谐、统一。在隆重的场合，很多女性选择佩戴套装珠宝。

套装珠宝的设计原理：套装珠宝的设计作为一门综合性的艺术表现方式，在设计的过程中，除了要考虑珠宝首饰造型所具有的特殊内涵外，还应设计出适合市场、适合佩戴、符合生产的珠宝首饰，如佩戴者的年龄层次、职业、服装的搭配等，都是设计师在设计的过程中需要调查和考虑的。近年来，套装珠宝流行，因此在设计时应该多在套装珠宝上下一番功夫。套装珠宝一般要求3件，或者3件以上。套装珠宝应具备以下几个条件：①配色基本相同；②采用相同的材质制作；③设计元素基本相同；④造型格调一致，相互呼应成一个整体；⑤使用的工艺相同，如镶法、金属表面肌理等。

13.1.1 "至母亲"商业款套装（图13-1）

设计元素：太阳、月亮、莫比乌斯环。

设计说明："至母亲"商业款套装以月亮、太阳及莫比乌斯环为创意源泉，月亮作为希望的化身，以其柔和的光辉，象征着对美好未来的期盼与向往；太阳则代表着力量，以其炽热的光芒，彰显着无尽的活力与潜能。通过这套作品，希望能够传递出对母亲深深的敬意与感激之情。

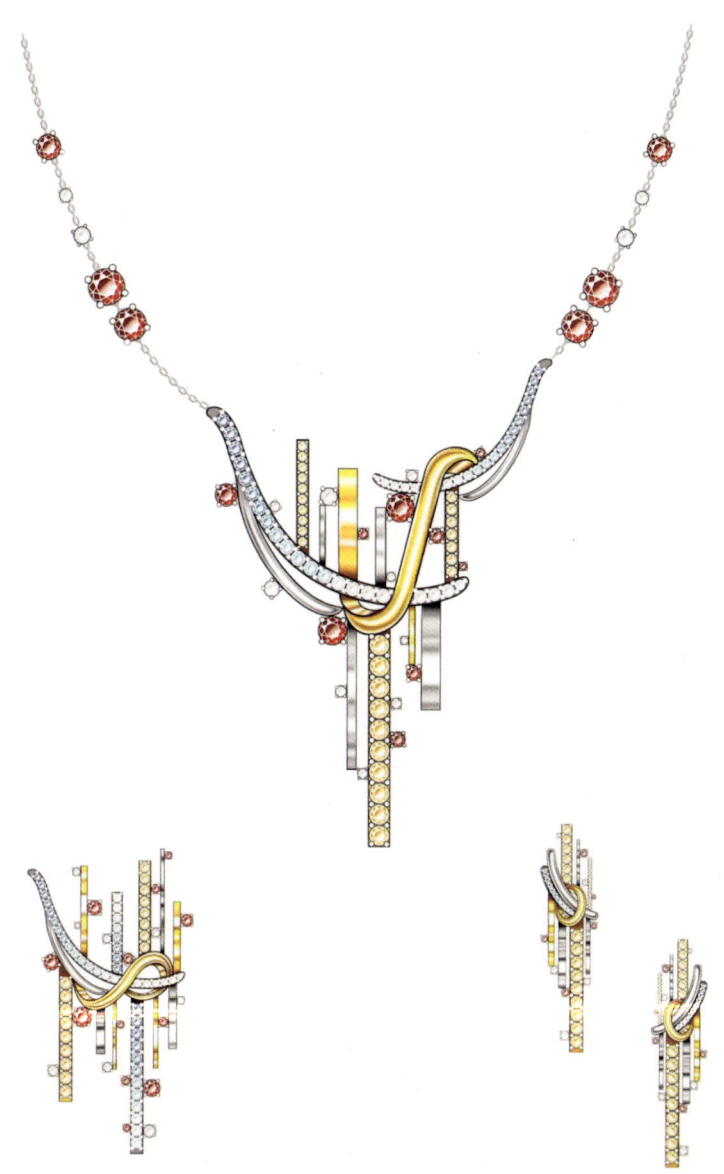

图 13-1 "至母亲"商业款套装（陈嘉榆同学作品）

13.1.2 "国色天香"商业款套装（图 13-2）

设计元素："国色天香"商业三件套的设计灵感来源于宋代牡丹纹瓷枕。

设计说明：通过提取牡丹花瓣的形态、进行简化和设计，既保留了牡丹花瓣的柔美与婉约，又赋予了其现代感和时尚气息。在配色方面，采用了古典大气的金绿配色，金色代表着尊贵与高雅，绿色的孔雀石则寓意着生机与活力。将古典美学与现代设计相结合，展现出一种独特的艺术魅力。

图 13-2 "国色天香"商业款套装(吴童作品)

13.2 套装珠宝欣赏

学生作品套装珠宝欣赏如图 13-3～图 13-10 所示。

图 13-3 情人节套装(黄昭雯同学作品)　　　　图 13-4 W 字母套装(梁雯同学作品)

第13章　基础——商业款三件套（设计）

图 13-5　一路顺风套装

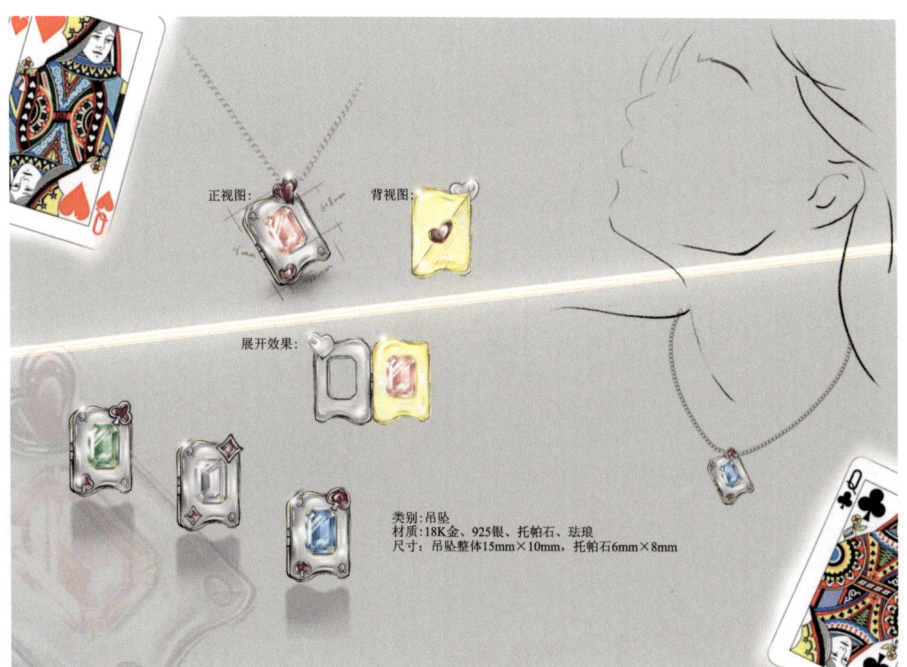

图 13-6　财源滚滚套装

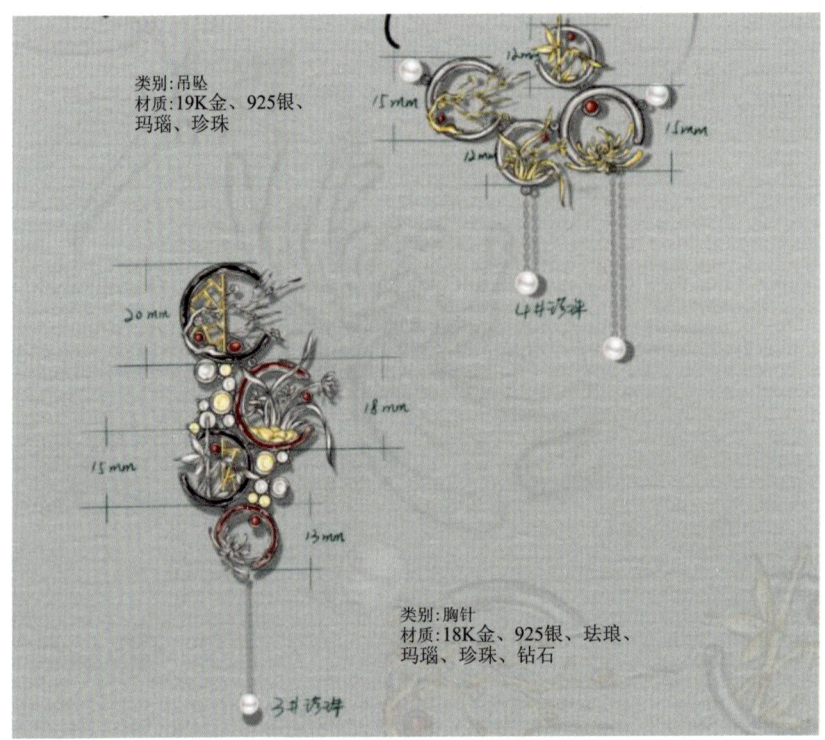

图 13-7　梅兰竹菊套装

图 13-8　相思豆套装

图 13-9 星辰大海套装

图 13-10 生生不息套装

第14章
进阶——项链设计

14.1 项链的含义

项链主要是装饰在脖子上、最早出现的珠宝首饰,跟手链类似,是一种链条状的珠宝首饰。项链除了具有装饰功能之外,有些还具有特殊的意义。

项链的结构相对简单,主要由链条和吊坠两部分组成。链条可以是细链、粗链、链条交织等形态,而吊坠则可以是宝石、金属等各种材质。在绘图时,需要注意链条的透视和吊坠的立体感。

14.2 项链的规格

女款项链长度:主要有3种规格。

16英寸(约40cm):这个长度是最常用的尺寸,对于身材娇小的女性,这个尺寸的项链戴上后会稍微靠近锁骨部位。

18英寸(约45cm):下垂至锁骨位置以下一点。因其下垂点刚好位于喉咙正下方,是女款中最流行的尺寸。

20英寸(约50cm):下垂至锁骨下方,给人更舒畅的感觉。很多女性用这个长度或者更长长度的项链搭配毛衣。

女款项链长度如图14-1所示。

图 14-1 项链测量图

男款项链长度:一般有3种规格。

18英寸(约45cm):紧靠脖子根部,是小号项链,较短。

20英寸(约50cm):紧靠锁骨位置,是最常用的尺寸。

24英寸(约60cm):下垂至胸前位置,较长。

14.3 项链设计案例

设计师的作品需具备以下三大要素:①思想要有高度——要想到别人没有想到的;②视野要有广度——要有很广阔的创作视野;③专业要有深度——要有丰富的经验和纯熟的技术。

14.3.1 项链设计流程

(1)确立设计主题:首先设计师要清楚地知道自己需要表达的内心愿望或者客户的要求(是要体现民族风韵还是要融入乡土情结,或是融入一个故事)。设计师赋予作品的内涵全部体现在设计主题里面。同时,确立设计主题也是应用隐喻、象征等形式,对生活等概念做出的诠释的过程。

(2)选择设计素材:素材是一件作品成功的关键,是设计师从现实生活中搜集到的、未经整理加工的、感性的、分散的原始材料。这些材料并不能直接植入作品。但是,这种生活"素材",经设计师的集中、提炼、加工和改造,并融入作品之后,即可成为"题材"。

(3)绘制设计草图,修改后并定稿(注意尺寸大小,正稿项链直径不小于13cm)。

14.3.2 项链的造型

项饰包括项链、吊坠、项牌和大套链等,它们结构不同,各具特色。项链由节和搭组成,造型一般有"V"形、"O"形和"Y"形,现在还流一种"?"形项链。设计项链的时候,要先确定其长度(图14-2),因为它决定了项链的重量、价格。

14.3.3 项牌的设计(图14-3、图14-4)

项牌是链坠一体的,不可拆卸,款式大方,两侧连接的项链不宜过细,呈"V"形向两方伸展。

第14章　进阶——项链设计

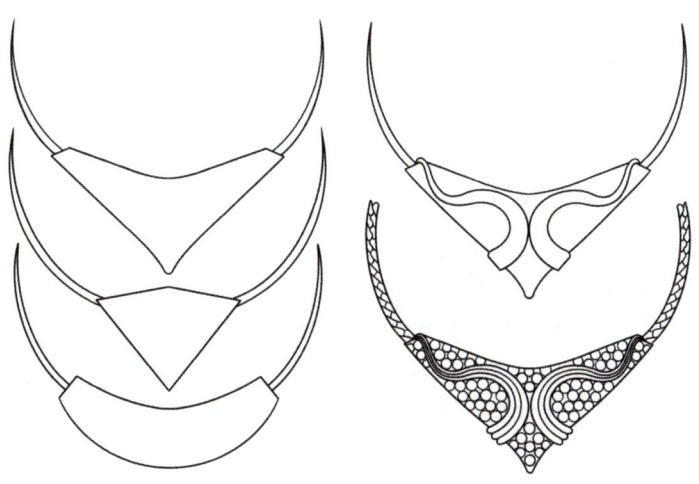

图 14-2　项链设计图样式图

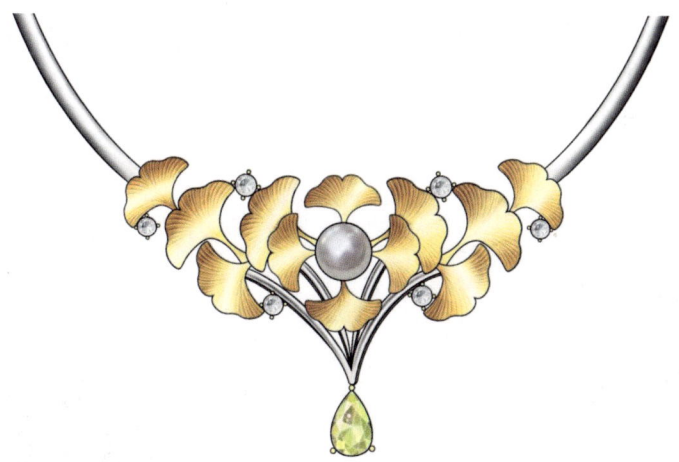

图 14-3　项牌设计图效果图（银杏叶）

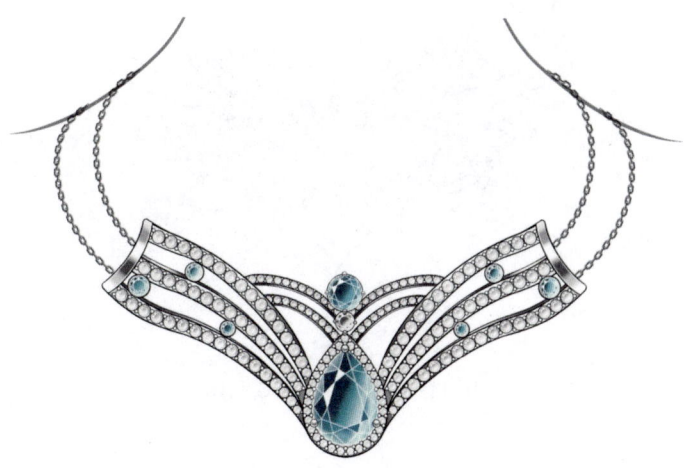

图 14-4　项牌设计图效果图（水滴）

1. "V"形项链

"V"形项链,采取对称和均衡的形式进行设计(图 14-5～图 14-7)。

在"V"形项链设计中,对称与均衡的形式是至关重要的。对称给人以稳定、和谐的美感,而均衡则使设计更具动感和生命力。首先,我们要确定"V"形项链的基本框架。这个框架应该呈现出清晰的 V 形轮廓,线条流畅且优雅。我们可以选择细链条作为主体,以增加整体的轻盈感,同时也可以在链条上加入一些小巧精致的吊坠,以增添设计的层次感。

在对称方面,我们可以考虑在 V 形的两侧采用相同的元素或图案。比如,可以在两侧链条的相同位置添加相同的宝石或金属吊坠,使项链整体呈现出一种对称的美感。这种对称不仅让项链看起来更加和谐,还能增强佩戴者的气质和魅力。

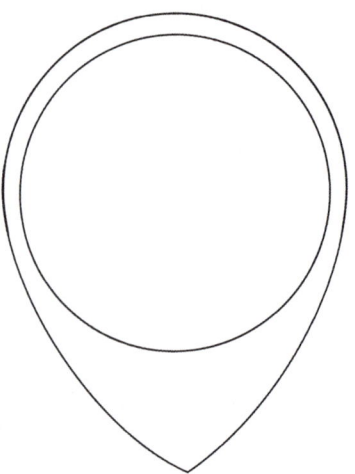

图 14-5 "V"形项链样式图

图 14-6 "V"形项链成品图

第14章 进阶——项链设计

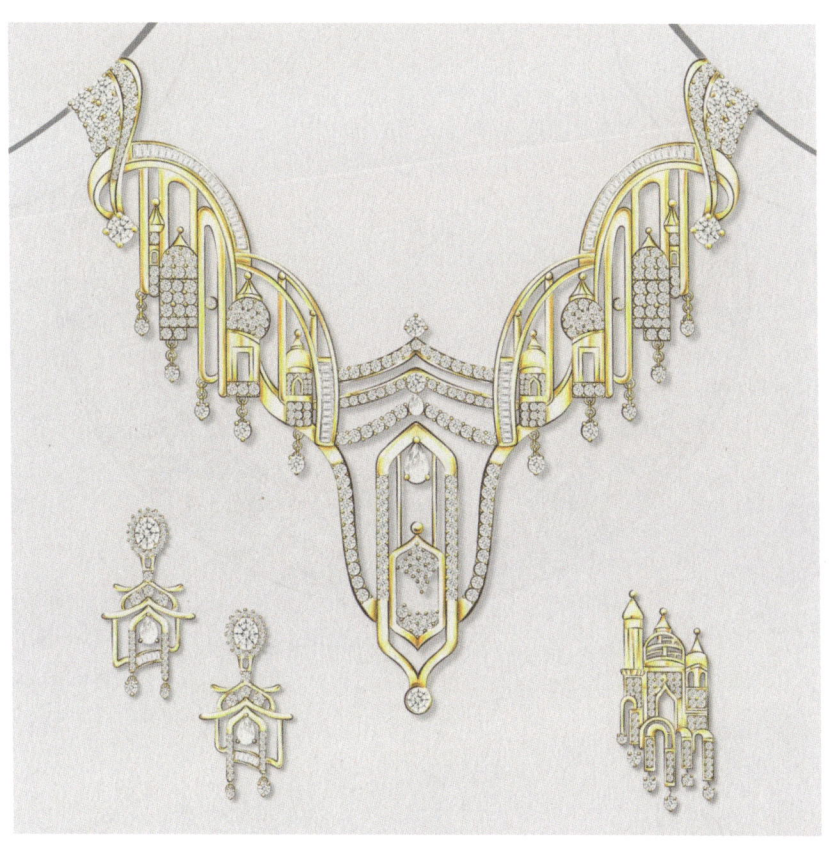

图 14-7 "V"形套件成品图

2. "O"形项链

"O"形项链：可采用节段形式进行设计（图 14-8～图 14-10）。

"O"形项链作为珠宝首饰的一种经典款式，以其圆润流畅的形态和优雅的气质深受人们喜爱。在设计"O"形项链时，可采用节段的形式，每个节段可以具有不同的形状和大小，不仅可以增加项链的层次感和立体感，还能使整体造型更加丰富多彩。

在设计节段时，可以考虑采用对称或不对称的形式，使项链更具个性化和独特性。同时，不同节段之间的衔接也需要精心设计，以确保整体造型的连贯性和流畅性。

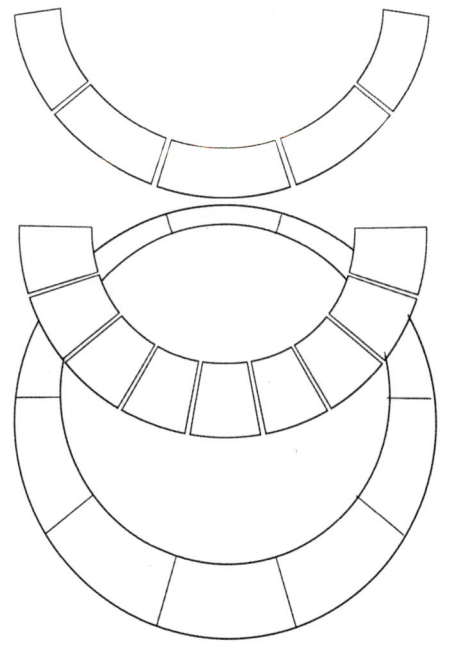

图 14-8 "O"形项链样式图

143

图 14-9 "O"形项链设计图(祖母绿)

图 14-10 "O"形项链设计图(蓝宝石)

3. 非闭合式不对称项链

非闭合式"Y"形不对称项链(图 14-11～图 14-14)。

这种项链设计独特,打破了传统项链的闭合形式,展现出一种新颖而富有创意的风格。非闭合式设计使得项链在佩戴时更加灵活多变,可以根据个人的喜好和需要进行调整。同时,不对称的造型也增加了项链的个性和时尚感,使其更加引人注目。

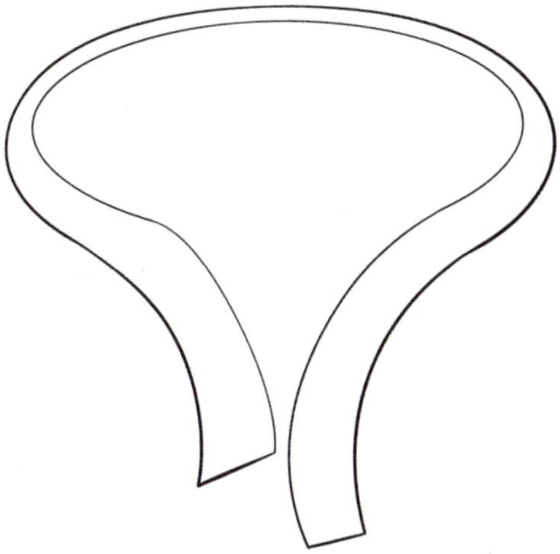

第14章 进阶——项链设计

图14-11 "Y"形项链样式图 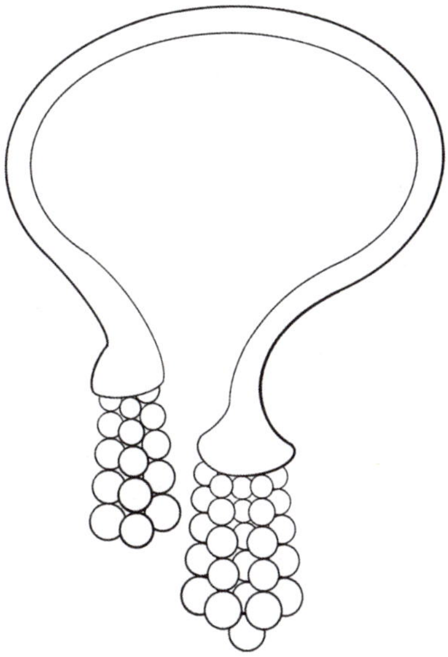　　　　图14-12 "Y"形项链样式图

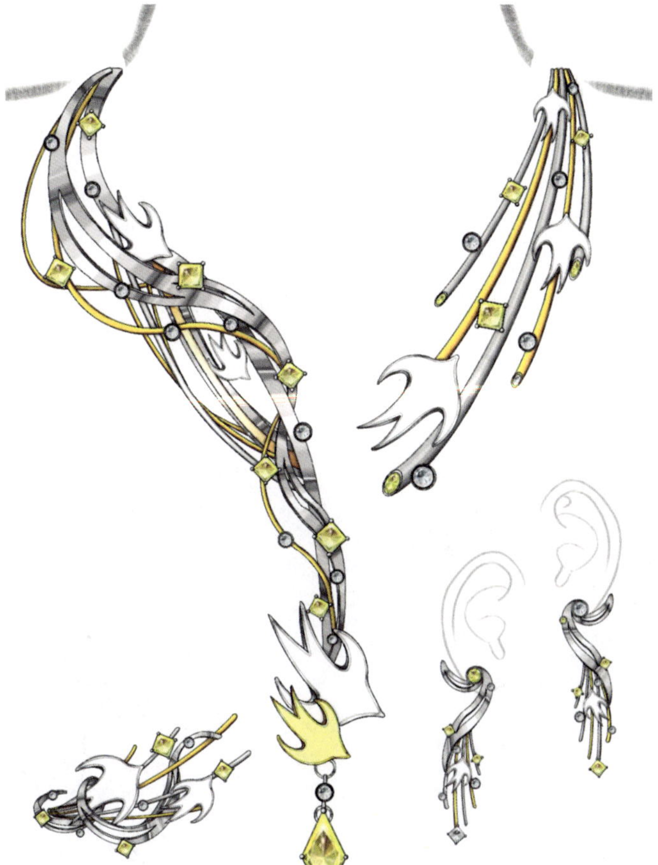

图14-13 "Y"形项链三件套成品图

145

图 14-14 "Y"形项链设计图

14.3.4 闭合式不对称项链(图 14-15～图 14-21)

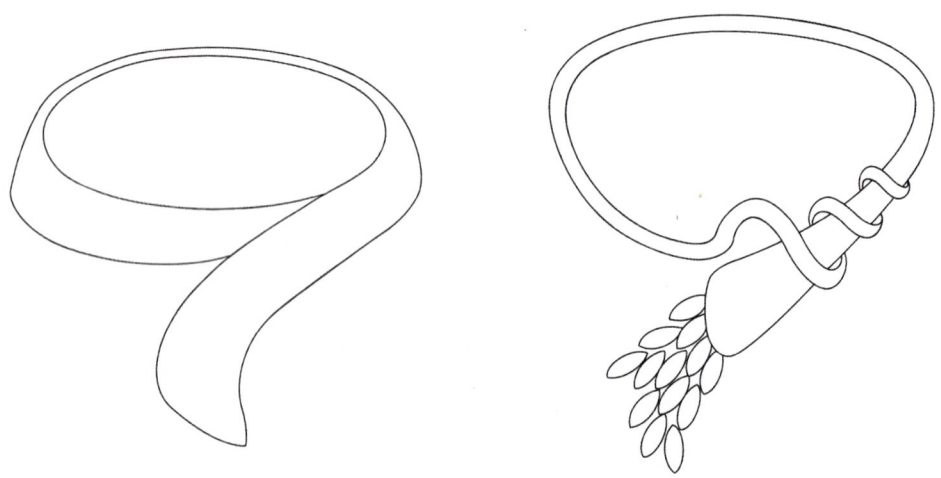

图 14-15 闭合式不对称项链样式图

第14章 进阶——项链设计

图 14-16　沙漏项链成品图

图 14-17　蝴蝶项链成品图

147

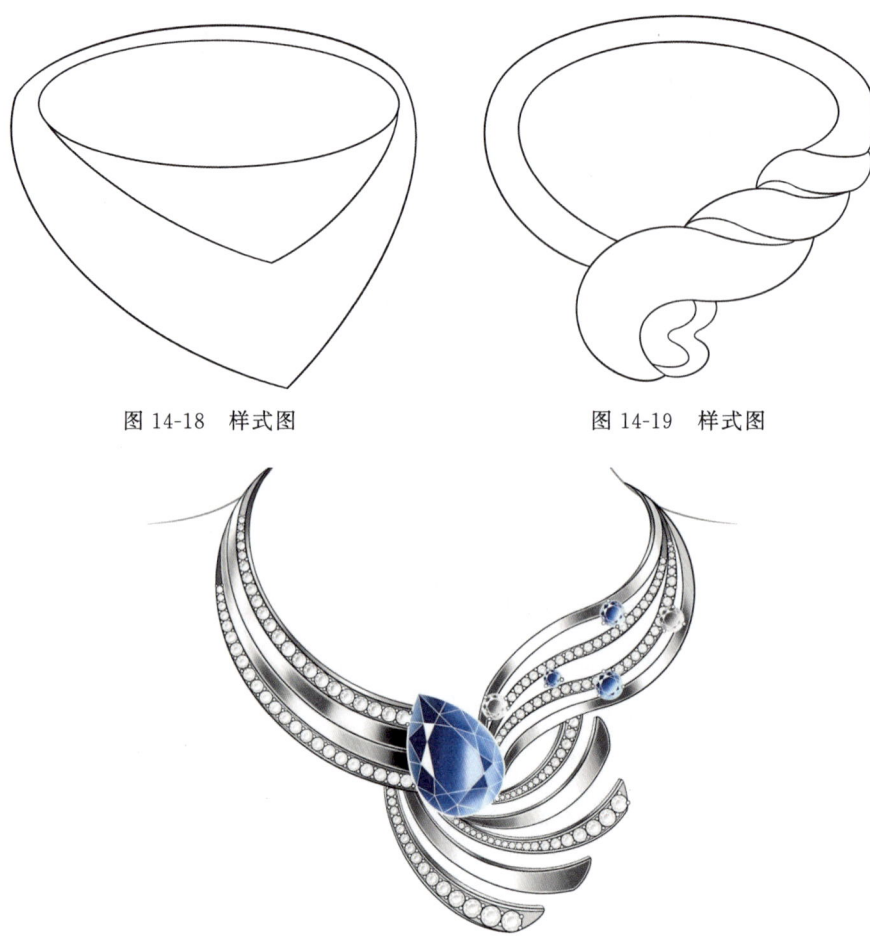

图 14-18　样式图　　　　　　图 14-19　样式图

图 14-20　设计图（羽毛）成品图

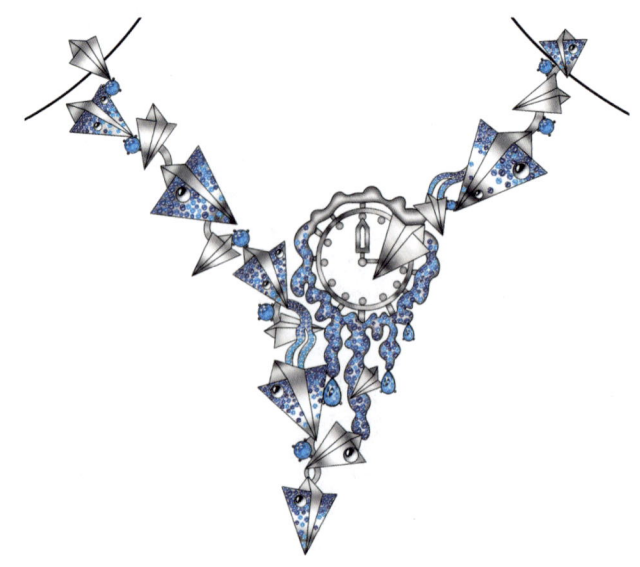

图 14-21　设计图（闹钟）成品图

14.4 项链效果图(图 14-22、图 14-23)

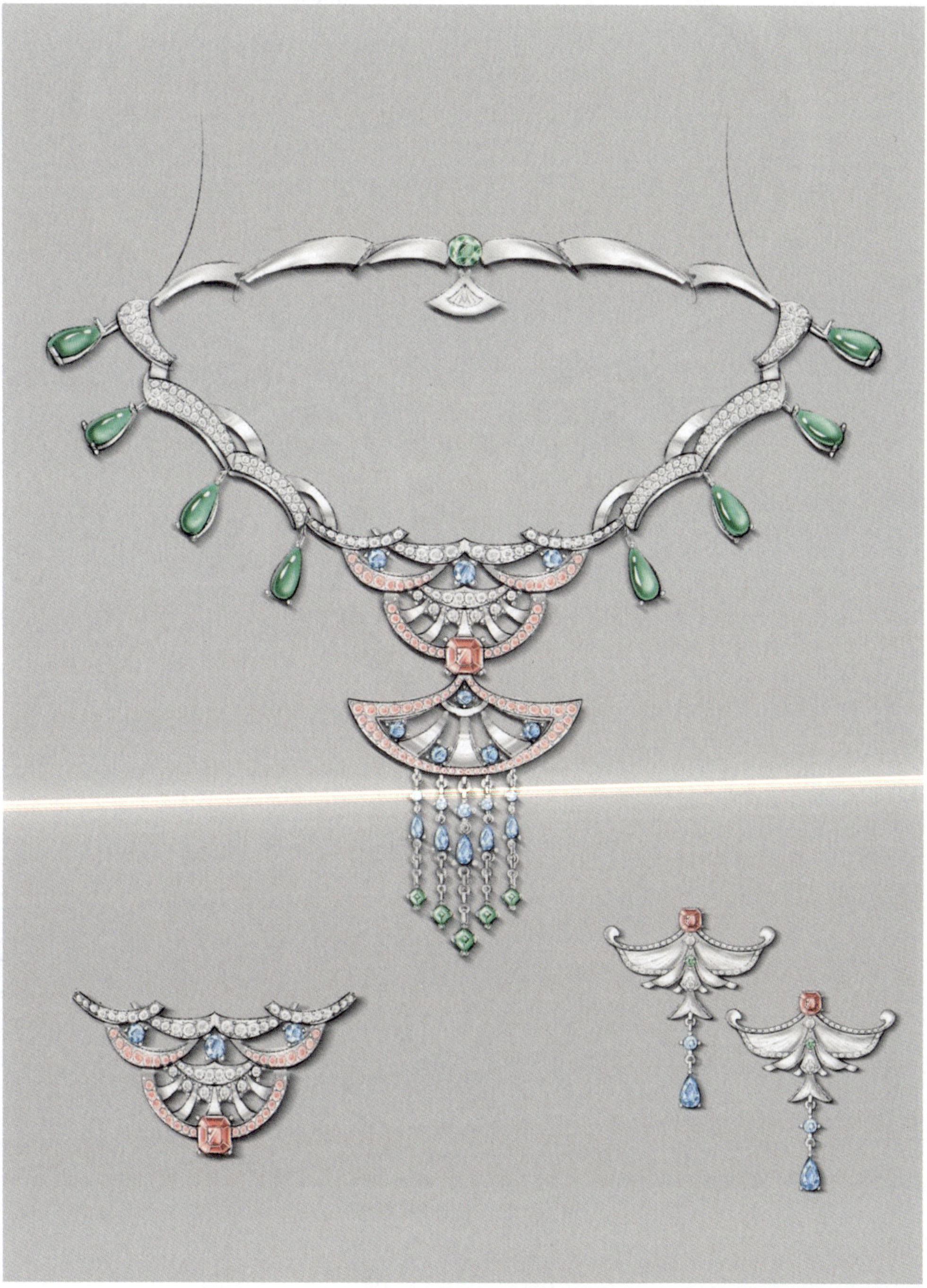

图 14-22 三件套成品图

图 14-23 设计图(彩带)

第15章
中级——系列首饰设计

15.1 系列设计案例

15.1.1 醒狮系列设计案例(图 15-1)

设计元素:醒狮、竹、锦鲤、亭子、拱桥、花窗。

设计说明:醒狮系列首饰设计以岭南舞狮文化为创作背景,巧妙地融合了传统与现代元素。这些胸针不仅是对岭南舞狮文化的传承与弘扬,更是对中华传统工艺的一次全新演绎。在醒狮系列首饰的设计中,以醒狮为主要设计元素,还巧妙地融入了岭南地域特色符号,如竹、鱼、荷等自然元素,以及岭南园林中的花窗、亭子、桥等建筑元素,使得整个系列首饰充满了浓郁的岭南风情。醒狮不仅是勇猛、力量和独立的象征,也是祥瑞的象征,设计师通过设计醒狮胸针,将这些美好的寓意传递给佩戴者,让他们在佩戴的同时,也能感受到传统文化的魅力。

15.1.2 清晖园系列设计案例(图 15-2)

设计元素:亭子、荷、竹、花窗、扇。

该系列首饰的设计灵感源自位于顺德的古典园林——清晖园。清晖园作为中国岭南园林的代表之一,其独特的建筑风格与深厚的文化底蕴为设计师提供了无尽的创作灵感。设计师通过深入实地考察和细致调研,从清晖园的建筑庭院中汲取了最具特色的元素,如亭台楼阁、曲径通幽、山石花木等。将这些元素进行抽象化处理,运用现代设计手法将其转化为首饰的造型与装饰元素,既具有古典韵味又不失现代感。

a. 醒狮系列设计素材

b. 醒狮系列提取的元素

c. 醒狮系列设计作品

图 15-1　醒狮系列设计（何倩怡同学作品）

第15章　中级——系列首饰设计

a.清晖园系列设计草图

b.清晖园系列设计效果和元素

153

c.清晖园系列设计效果和元素

图 15-2　清晖园系列设计

15.1.3　传统纹样系列设计案例

15.1.3.1　如意纹样设计案例(图 15-3)

设计说明:该系列首饰从中国传统纹样"如意纹"中获取设计灵感,经过图形提取与变形设计,以黄金材质为主,点缀以珍珠、钻石、红宝石,呈现出一系列端庄古典的吊坠作品,在优美的形式之上也富含着如意吉祥的美好寓意。

a.如意纹样提取

b.如意纹样设计效果

图 15-3　如意纹样设计

15.1.3.2　柿蒂纹样设计案例(图 15-4)

设计说明:该系列吊坠的设计灵感来源于中国传统文样"柿蒂纹",其形状类似于柿子的蒂,故而得名。在中国传统文化中,柿子象征着丰收、吉祥和长寿,因此柿蒂纹也被视为吉祥、美好的象征。设计者将黄金作为主体材质,搭配了祖母绿、红宝石和蓝宝石等珍贵宝石,使得整个吊坠更加璀璨夺目,充满高贵气息。设计师保留了柿蒂纹的基本形态,并通过提取、简化与变形等设计方法对其进行了优化和改造。吊坠的线条流畅而优雅,形状饱满而富有张力,既体现了传统纹样的精髓,又展现了现代设计的简约与时尚。

a.柿蒂纹样提取

b.柿蒂纹样设计效果

图 15-4　柿蒂纹样设计

15.1.4 和"扇"系列首饰设计案例(图 15-5)

设计说明:该系列耳环以"和"为主题,并巧妙地结合了"扇"的元素。"和"是中国传统文化中的重要理念之一,代表着和谐、和睦、和平,通过结合"扇"的元素,使设计更具韵味。该系列耳环以18K金和铂金为主要材质,钻石、蓝宝石以及珐琅等珍贵材料作为点缀,不仅丰富了耳环的色彩,更使整体呈现出一种华丽而不失稳重的风格。

a.和"扇"系列设计草图

第15章 中级——系列首饰设计

b. 和"扇"系列设计效果图

c. 和"扇"系列设计成品图

图 15-5 和"扇"系列设计

15.2　系列首饰欣赏

15.2.1　岭南园林系列胸针（图 15-6）

图 15-6　岭南园林系列胸针

15.2.2　花窗系列胸针（图 15-7）

图 15-7　花窗系列胸针

15.2.3 蝙蝠系列胸针(图 15-8)

图 15-8　黄晓晴同学作品

15.2.4 飞天系列胸针(图 15-9)

图 15-9　王芷津同学作品

15.2.5 兰花系列胸针(图 15-10)

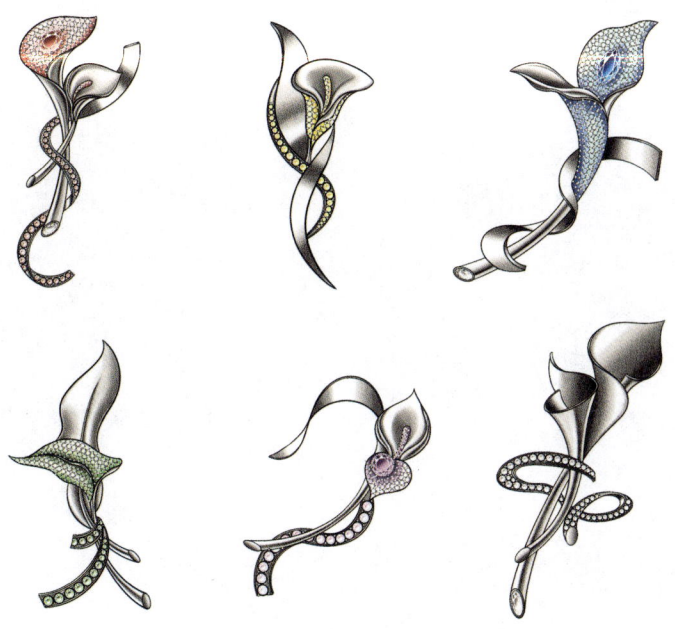

图 15-10　王芷津同学作品

15.2.6 四君子系列胸针（图15-11）

图15-11 四君子系列胸针

15.2.7 兔系列（图15-12）

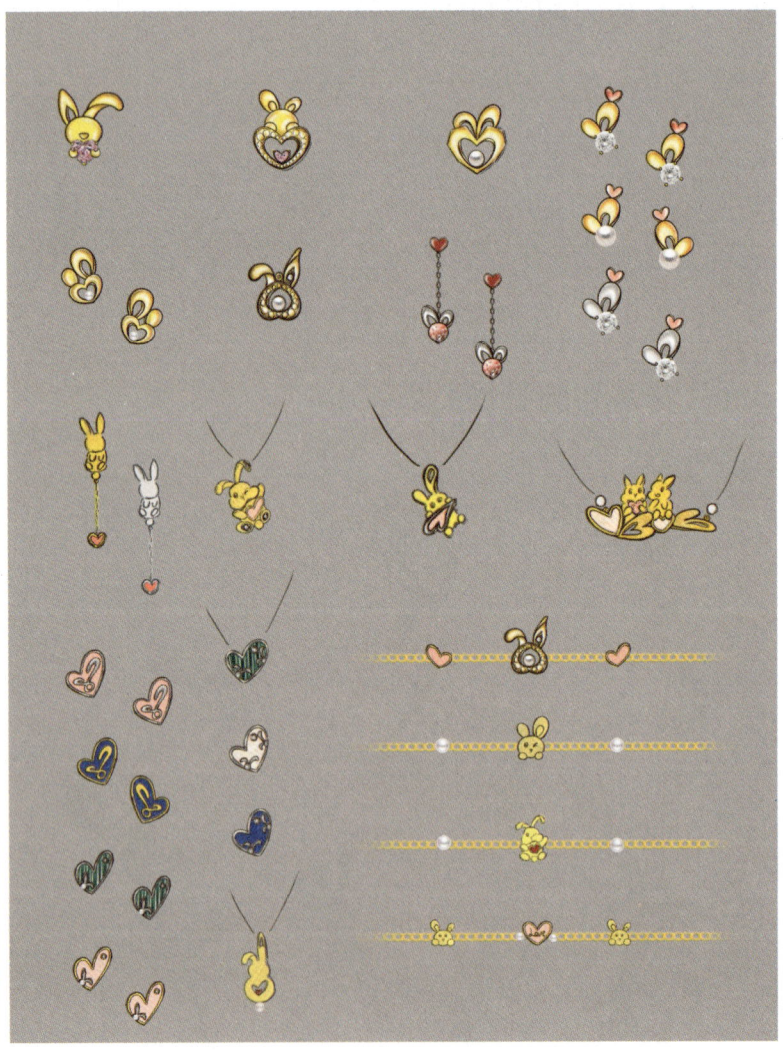

图15-12 兔系列

15.2.8 宝瓶西路胸针(图 15-13)

图 15-13 吴童同学作品

15.3　学生练习：设计主题

1. 主题：鱼
2. 主题：形聚
3. 主题：海纳百川
4. 主题：涟漪
5. 主题：几何
6. 主题：凝聚
7. 主题：神话
8. 主题：韵
9. 主题：蜕变
10. 主题：民俗
11. 主题：自由
12. 主题：雅
13. 主题：春
14. 主题：夏
15. 主题：秋
16. 主题：冬
17. 主题：融
18. 主题：和
19. 主题：仁
20. 主题：希望
21. 主题：春节
22. 主题：童话
23. 主题：复苏
24. 主题：科技

第16章
高级——主题性首饰设计

16.1 主题性首饰设计介绍

主题性首饰设计是什么？它与商业款首饰设计之间究竟有何差异？我们又该如何进行主题性首饰的设计呢？接下来，我们将深入探讨这些问题。

主题性首饰设计，即围绕某一特定主题进行的设计。这个主题可能是一个文化元素、一段历史传说、一个自然景观，或者是某种情感表达等。在创作过程中，需要将主题融入首饰的构思、材质、工艺等多个方面，使首饰能生动诠释主题。

与商业款首饰设计相比，主题性首饰设计更加注重文化内涵和艺术价值。商业款首饰设计往往以市场需求为导向，追求时尚、实用和成本效益；而主题性首饰设计则更侧重于表达设计师的独特思想和情感，以及对文化的传承和创新。

那么，如何设计一款优秀的主题性首饰呢？首先，设计师需要深入挖掘主题的内涵，理解其背后的文化、历史和情感，对设计的主题进行充分的调研，可通过实地考察，查阅书籍，收集相关图片、资料来丰富设计灵感，选取恰当的设计元素；其次，通过手绘草图、电脑绘图等方式对设计元素进行提取和重构，构思首饰的形状和结构；再次，选择合适的材质和工艺，使首饰能够充分展现主题的特点和魅力；最后，选取最优设计方案绘制首饰效果图。

16.2 主题性首饰设计案例

16.2.1 "鹤"主题首饰设计（图16-1）

设计说明：该作品以仙鹤与太阳为主要元素进行设计，仙鹤自古以来便是长寿、吉祥的象征。在首饰设计中,作者将仙鹤展翅的姿态捕捉,并进行抽象和简化,点缀以钻石和蓝宝石,仙鹤的形象被赋予了更多的艺术魅力,太阳的光芒与仙鹤的羽毛相互映衬,使得整个作品充满了生机与活力。

图 16-1 "鹤"主题首饰设计过程(王芷津同学作品)

16.2.2 "眼"主题首饰设计(图 16-2)

设计说明：在这款独特的首饰设计中，"眼"不仅仅是一个装饰元素，更是情感与灵魂的象征。采用精致的工艺，将"眼"设计成多层次的立体结构，使其在光线的照射下呈现出丰富的视觉效果。在"眼睛"的设计中，巧妙地融入了现代与传统的元素。如借鉴了古代神话中的守护神眼，将其简化成几何图形，与现代简约风格的首饰设计相结合。这种设计不仅具有深厚的文化底蕴，还符合现代审美需求。

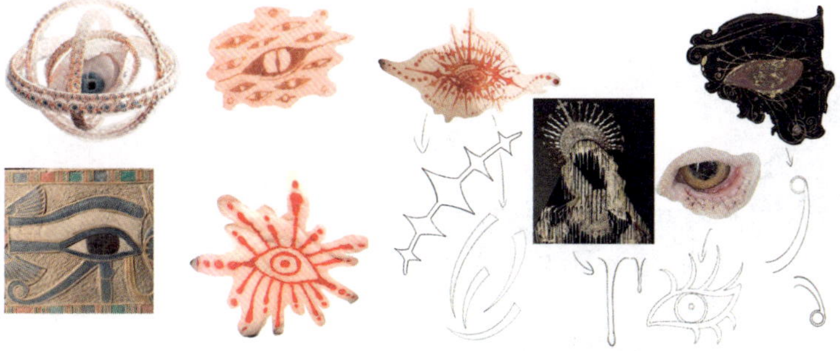

图 16-2 "眼"主题首饰设计过程

16.2.3 "龙舟"主题首饰设计(图 16-3)

设计说明：作品的设计灵感源自中国传统文化中富有激情与活力的赛龙舟活动。赛龙舟作为中华民族独特的习俗，不仅展现了团结协作的精神，更彰显了勇往直前的豪情壮志。我们提取了龙舟、浪花、船桨等核心元素，将各个元素有机地结合在一起，形成了一个和谐统一的整体，使这份独特的文化魅力融入现代饰品之中。珐琅工艺与宝石镶嵌相结合的方式，为项链增添了丰富的色彩与质感。

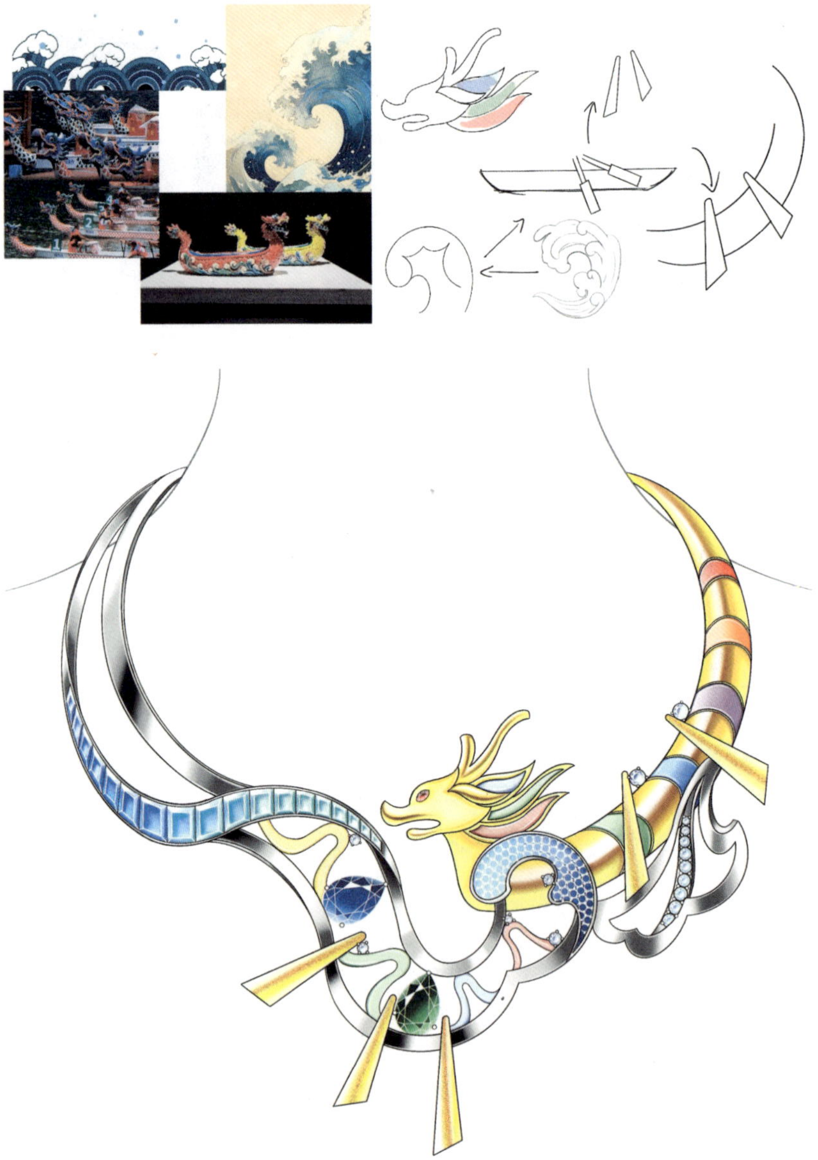

图 16-3 "龙舟"主题首饰设计过程

16.3 主题性首饰欣赏(图 16-4～图 16-11)

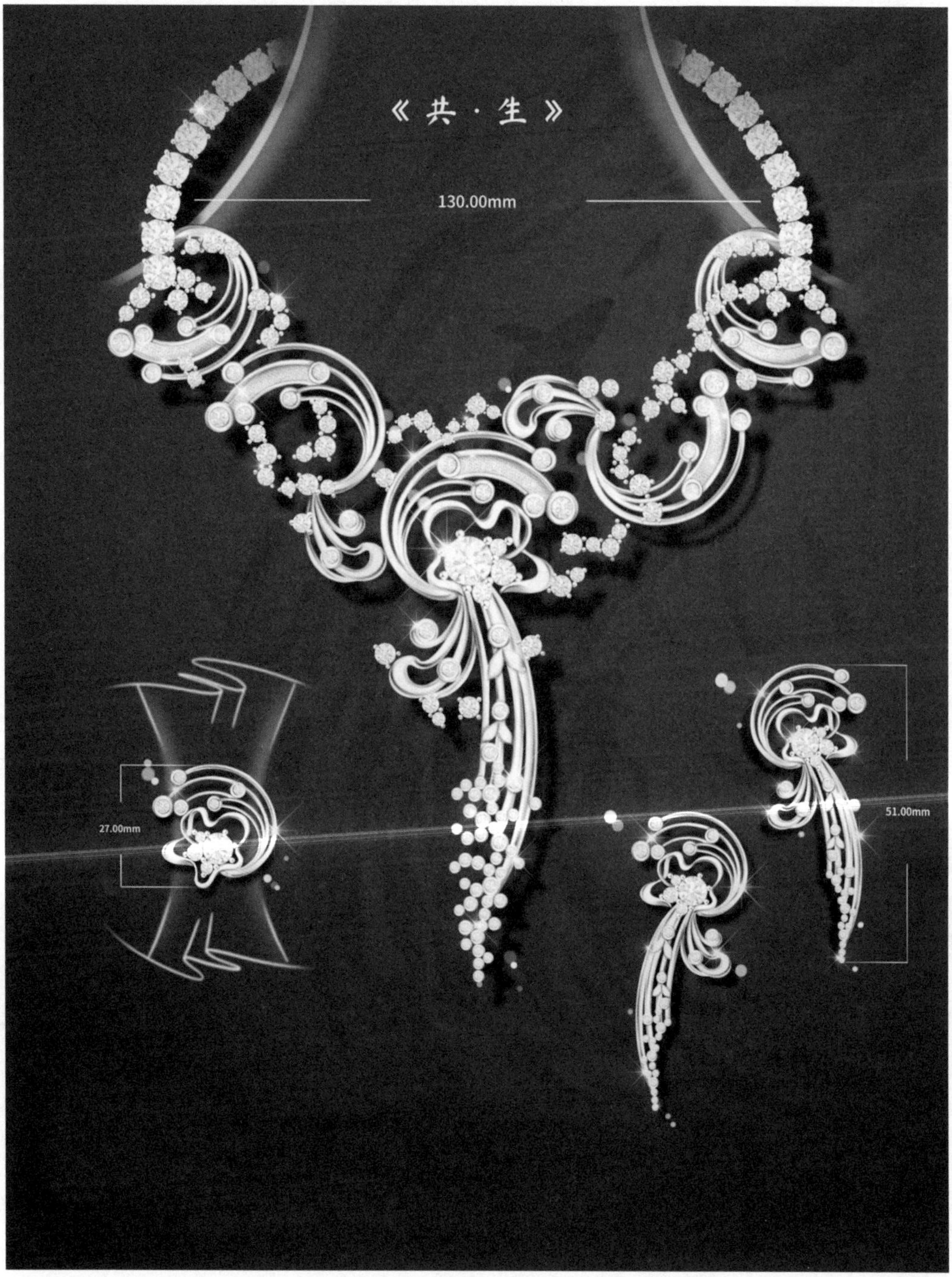

图 16-4 共生

图 16-5　繁星

第16章 高级——主题性首饰设计

图 16-6 朝阳飞舞

图 16-7 冰与火

图 16-8 拼搏绽放

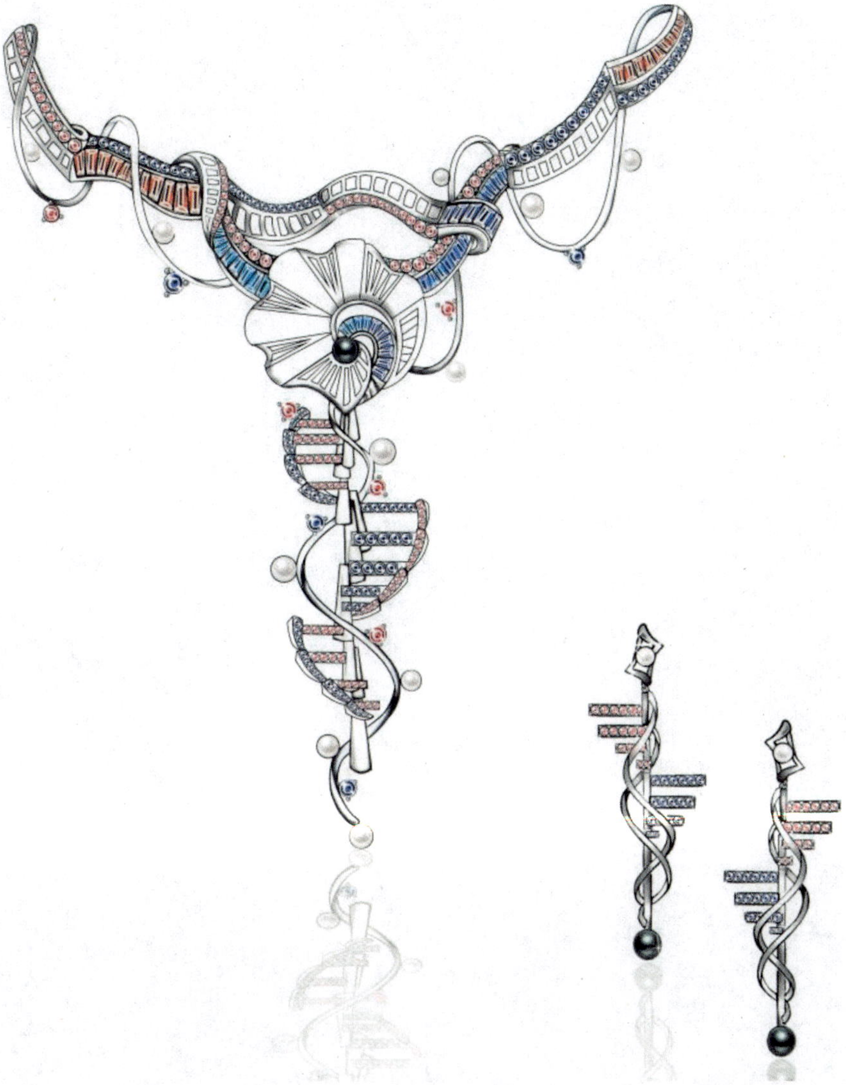

第16章　高级——主题性首饰设计

图 16-9　星空下的旋律

图 16-10 流之时光

第16章 高级——主题性首饰设计

图 16-11　童话城堡

第17章

拓展——人工智能（AI）在珠宝设计中的应用

17.1 人工智能(AI)设计介绍

人工智能绘画是指利用计算机算法和技术，让计算机模拟人类艺术家的创作过程，自主地生成各种类型的图像、绘画和艺术作品。

当前主流的人工智能绘画平台有以下几个，分别进行简单介绍。

17.1.1 文心一格

文心一格是由百度推出的人工智能绘画平台，其总体效果与下面几款平台仍有一定差距，但其更新速度较快，对中文的理解度高，完全免费，使用门槛较低。在百度中搜索"文心一格"一词，即可找到官方网站。

17.1.2 Midjourney

Midjourney 简称 Mj，是当前在人工智能绘画领域付费用户数量最大的平台之一。其优点是简单易用，效果丰富，出图迅速，只需要一两行简单的文本提示语，就能生成高质量图像。缺点是需要付费订阅，而且要有一定的英文基础。在百度中搜索 Midjourney 即可找到官方网站。

17.1.3 神采 PromeAI

神采 PromeAI 操作简单，使用手机号码注册，每月有免费使用次数，如有需要可以取得商业版权，类别清晰，是建筑师、珠宝设计师、室内设计师、产品设计师和游戏动漫设计师的必备工具，在百度中搜索"神采 PromeAI"一词，即可找到官方网站。

17.1.4　其他 AI 绘画平台

除了上述较为主流的平台,还有其他平台:360AI 图片涂鸦生图,Vega AI 等。

17.2　人工智能 AI 类别

目前,应用于珠宝设计领域的人工智能 AI 主要功能可分为以下几类。

(1)辅助设计 AI:这类 AI 能够分析大量的设计案例、历史数据和用户喜好,为设计师提供设计灵感和参考。辅助设计师快速生成设计初稿,提高设计效率。

(2)自动化设计 AI:根据文字关键词,AI 能够独立完成珠宝设计的全过程,从构思、草图到渲染等环节,自动化设计 AI 能够基于预设的算法和规则,生成大量具有创意和实用性的设计方案,为珠宝行业提供丰富的设计资源。

(3)优化设计 AI:这类 AI 能够对已有的设计方案进行智能分析和优化,提高设计的可行性和美感。优化设计 AI 可以识别设计中的不足和缺陷,使设计作品更加完善、精致。

17.3　神采 PromeAI 应用于珠宝首饰设计

神采 PromeAI 具有丰富的功能:包括草图渲染、创意融合、变化重绘、照片转线稿、背景生成、AI 超模、文字效果、AI 写真、变化重绘等,为用户提供全面的设计方案(图 17-1)。

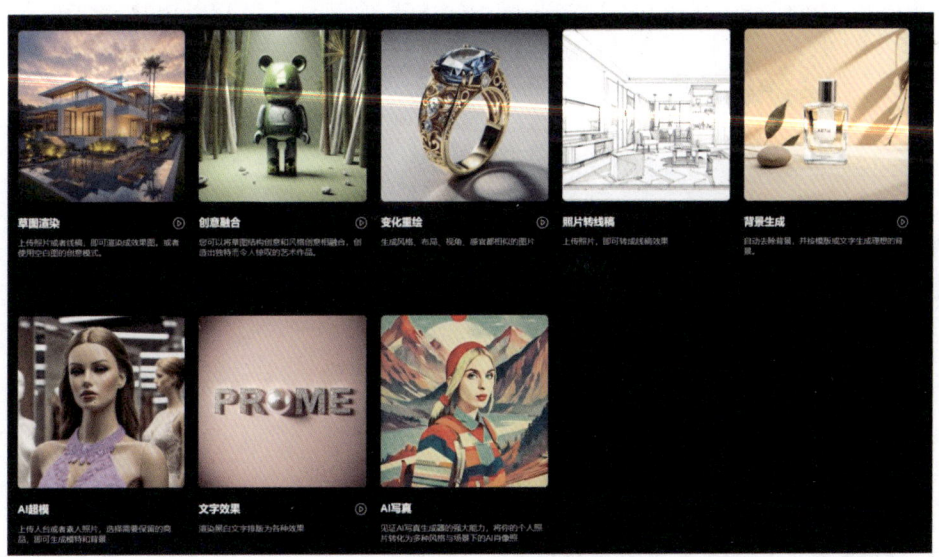

图 17-1　神采 PromeAI 功能

17.3.1 草图渲染

上传照片或者线稿,即可渲染成效果图,或者使用空白图的创意模式。一共四个选项:风格、场景、模式、参考(图17-2)。提示:多多尝试不同的风格和渲染模式,总会有惊艳的效果发生(图17-3、图17-4)。

关键词:吊坠、黄金、镶石。风格:无。场景:珠宝设计、吊坠、复古奢华、法式复古、高雅。模式:精准。参考:无。

图17-2　草图渲染界面

图17-3　珠宝吊坠线稿

图17-4　珠宝吊坠 AI 效果

17.3.2 创意融合

可以将草图结构创意和风格创意相融合,创造出独特而令人惊叹的艺术作品。导入自己作品可以在风格图片那里自定义自己想要的风格作品(图17-5)。提示:可以通过风格强度调节图片和风格的渲染混合程度。选择手绘效果图和想要的风格图片(图17-6),选择50%

的风格强度,在 TA 那里可以输入想要和不想要的。最后得到创意融合 AI 效果(图 17-7)。

图 17-5　创意融合界面

图 17-6　手绘效果图(左)和风格图(右)

图 17-7　创意融合 AI 效果

17.3.3 变化重绘

可以生成风格、布局、视角、工艺都相似的图片。提示：可以控制相似程度和添加关键词(图17-8)，选择首饰线稿图(图17-9)，变化重绘：无关键词文字，选择75%变化程度。出来首饰效果图(图17-10)。

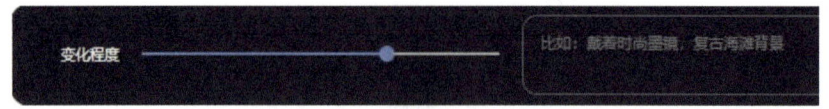

图17-8　变化重绘界面

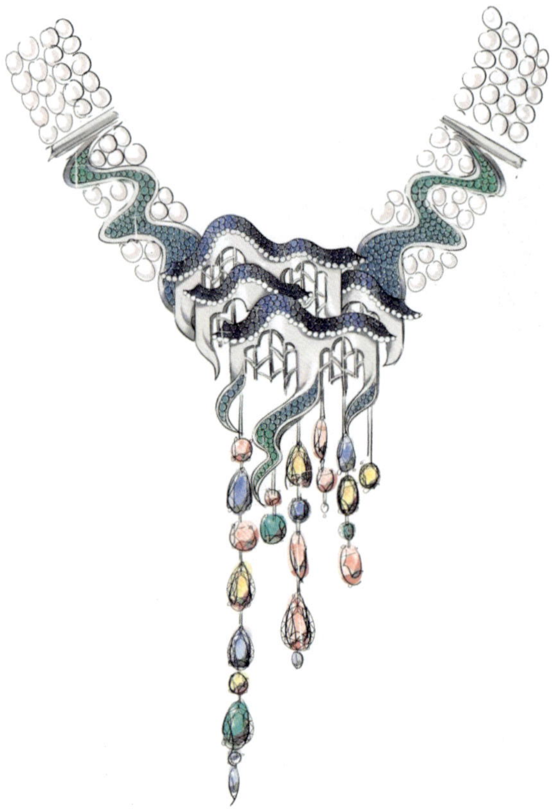

图17-9　线稿图 　　　　图17-10　变化重绘AI效果图

17.3.4 其他功能

照片转线稿：上传照片，即可转成线稿效果。提示：画面内容越少，线稿越简单。

背景生成：自动去除背景，并按模版或文字生成理想的背景。提示：可以调整主体大小和位置，得到更符合期望的结果。

AI超模:上传人台或者素人照片,选择需要保留的商品,即可生成模特和背景。提示:当前版本支持真人照片或带脸手脚的假人模特照片。另外,如果需要长发,假人模特需要佩戴假发。

文字效果:3D文字效果生成,渲染黑白文字排版为各种效果。提示:可以用word、ppt等工具进行简单文字排版后截图上传。可以调节文字轮廓强度。

AI写真:见证AI写真生成器的强大能力,将你的个人照片转化为多种风格与场景下的AI肖像照。提示:上传单人面部清晰的照片,能更精准地识别你的面部信息,产出更符合你形象的AI写真。

神采PromeAI具有图片编辑的功能及图生视频的功能,可以进行多种尝试。